· 李开丁考研数学高分系列 ·

数学一
8套高分模拟题

◎主　编　李开丁
◎副主编　巫明资

U0172453

华中科技大学出版社
http://press.hust.edu.cn
中国·武汉

内 容 简 介

本书根据《全国硕士研究生入学统一考试数学考试大纲》编成 8 套考研"数学一"模拟题。每套试卷涵盖了大纲要求的所有知识点,题型全面、新颖。试卷的出题形式、分数设置也与真题完全一致,可以帮助考生有效复习相关知识,熟练掌握各类解题技巧,提高做题效率。本书可作为高等学校工科、理科各专业研究生入学考试"数学一"科目参考题集。

图书在版编目(CIP)数据

数学一 8 套高分模拟题/李开丁主编.—武汉:华中科技大学出版社,2024.3
ISBN 978-7-5772-0598-4

Ⅰ.①数… Ⅱ.①李… Ⅲ.①高等数学-研究生-入学考试-习题集 Ⅳ.①O13-44

中国国家版本馆 CIP 数据核字(2024)第 052741 号

数学一 8 套高分模拟题
Shuxue Yi 8 Tao Gaofen Moniti

李开丁 主编

策划编辑:钱 坤
责任编辑:董 雪 肖唐华
封面设计:原色设计
责任校对:张汇娟
责任监印:周治超
出版发行:华中科技大学出版社(中国·武汉)　　电话:(027)81321913
　　　　　武汉市东湖新技术开发区华工科技园　　邮编:430223
录　　排:武汉正风天下文化发展有限公司
印　　刷:武汉科源印刷设计有限公司
开　　本:787mm×1092mm　1/16
印　　张:9.75
字　　数:207 千字
版　　次:2024 年 3 月第 1 版第 1 次印刷
定　　价:68.00 元

前　　言

　　数学是研究生入学考试中非常重要的一门学科,要求考生具备扎实的数学基础和灵活的解题思维。最近几年,我们在 Bilibili 网站(B站)上免费开展考研数学的辅导,取得了特别好的效果。一大批考生在听了我们的课程之后成功"上岸",尤其是我们的预测题几乎每年都有几道题精准命中当年的真题。自从我们公开部分模拟题后,我们便收到了广大考生的积极反馈,许多考生通过私信方式询问 2024 年的模拟题何时发布。为了满足大家备战考研数学的需求,我们通过深入研究历年考研真题和考试大纲,结合丰富的辅导备考经验,为考生们编写了一本实用的数学题集——《数学一 8 套高分模拟题》(考研数学高分系列)。

　　本书编写的初衷是帮助考生在考前(每年 10—12 月)进行全面而有效的复习,查漏补缺,熟练掌握必考知识点和各类解题方法。本书涵盖了考研数学涉及的几乎所有的知识点,对于每一道模拟试题,我们都提供了详细的答案解析,包括实用的解题技巧和策略,以帮助考生更好地理解题目背景、解题思路和正确答案,提高解题的速度和准确性。针对近年来考研数学难度提升、考查范围拓宽的趋势,本书在每套试卷中都设置了一些"似超纲又没有超纲"的题目。这些题目多以压轴题的形式出现,难度较大,可以说是未来命题的重要领域。建议考生认真对待这些题目,克服畏难情绪,做到彻底弄懂、吃透,这样才能在考研竞争赛场上赢得先机。

　　本书的出题形式、分数设置和难度水平与考研真题保持完全一致,可以帮助考生们更好地适应考试的要求。考生可以尝试模拟考试环境,在三个小时内完成一套试卷。请注意,成绩并不是我们关注的重点,我们关注的是答错的题或不清楚的知识点和解题思路。只有通过反复练习和总结,才能真正掌握核心知识和解题技巧。

为了更好地帮助同学们复习备考,我在 B 站、QQ 平台上开设了答疑专区。同学们在考研数学的复习过程中遇到任何问题,都可以通过微信公众号、抖音、B 站等平台给我留言,我会尽全力为你们解答。我愿与你们分享我的知识和经验,认真听取你们的建议,与你们共同成长,共同探索数学这个充满魅力的世界。

本书由季一璠、巫明资帮忙整理成稿。感谢所有参与编校过程的老师和专家们,各位为本书的编写付出了大量心血和努力,为我们提供了宝贵的指导和帮助。书中的不足和疏漏之处,恳请各位读者批评指正。

最后,我们衷心祝愿广大考生能够在研究生入学考试中取得优异的成绩,实现自己的梦想!

作 者
2024 年 1 月

微信扫一扫关注
"考研数学丁哥"微信公众号

抖音扫一扫关注
李开丁老师

B 站扫一扫关注
李开丁老师

目　　录

数学模拟试题一 ……………………………………………………（1）

数学模拟试题二 ……………………………………………………（9）

数学模拟试题三 ……………………………………………………（17）

数学模拟试题四 ……………………………………………………（25）

数学模拟试题五 ……………………………………………………（33）

数学模拟试题六 ……………………………………………………（41）

数学模拟试题七 ……………………………………………………（49）

数学模拟试题八 ……………………………………………………（57）

数学模拟试题一参考答案 …………………………………………（65）

数学模拟试题二参考答案 …………………………………………（75）

数学模拟试题三参考答案 …………………………………………（85）

数学模拟试题四参考答案 …………………………………………（95）

数学模拟试题五参考答案 …………………………………………（106）

数学模拟试题六参考答案 …………………………………………（117）

数学模拟试题七参考答案 …………………………………………（129）

数学模拟试题八参考答案 …………………………………………（138）

数学模拟试题一

一、选择题：1~10 小题，每小题 5 分，共 50 分.下列每题给出的四个选项中，只有一个选项是最符合题目要求的.

1. 设 $\sum\limits_{n=1}^{\infty} a_n$ 为收敛的正项级数，则下列说法错误的是（   ）.

A. 若 a_n 单调递减，则 $\lim\limits_{n\to\infty} na_n = 0$.　　　　B. 对任意 $p \geqslant 1$，$\sum\limits_{n=1}^{\infty} a_n^p$ 也收敛.

C. 级数 $\sum\limits_{n=1}^{\infty} a_{2n}$，$\sum\limits_{n=1}^{\infty} a_{2n-1}$ 都收敛.　　　　D. 若 $\lim\limits_{n\to\infty} \dfrac{a_{n+1}}{a_n} = l$ 存在，则 $l < 1$.

2. 设 $f(x,y) = \displaystyle\int_0^{xy} e^{-t^2} \mathrm{d}t$，则 $\dfrac{x}{y}\dfrac{\partial^2 f}{\partial x^2} - 2\dfrac{\partial^2 f}{\partial x \partial y} + \dfrac{y}{x}\dfrac{\partial^2 f}{\partial y^2} = （\qquad）$.

A. $2e^{-x^2 y^2}$.　　　　　　　　　　　　B. $-2e^{-x^2 y^2}$.

C. $e^{-x^2 y^2}$.　　　　　　　　　　　　D. $-e^{-x^2 y^2}$.

3. 已知 $x = 0$ 是函数 $f(x) = \dfrac{ax - \ln(1+x)}{x + b\sin x}$ 的可去间断点，则 a,b 的取值情况为（   ）.

A. $a = 1$，b 为任意实数.　　　　　　B. $a \neq 1$，b 为任意实数.

C. $b = -1$，a 为任意实数.　　　　　D. $b \neq -1$，a 为任意实数.

4. 如果函数 $f(x,y)$ 在 $(0,0)$ 处连续，那么下列命题正确的是（   ）.

A. 若 $\lim\limits_{\substack{x\to 0 \\ y\to 0}} \dfrac{f(x,y)}{|x|+|y|}$ 存在，则 $f(x,y)$ 在 $(0,0)$ 处可微.

B. 若 $\lim\limits_{\substack{x\to 0 \\ y\to 0}} \dfrac{f(x,y)}{x^2+y^2}$ 存在，则 $f(x,y)$ 在 $(0,0)$ 处可微.

C. 若 $f(x,y)$ 在 $(0,0)$ 处可微，则 $\lim\limits_{\substack{x\to 0 \\ y\to 0}} \dfrac{f(x,y)}{|x|+|y|}$ 存在.

D. 若 $f(x,y)$ 在 $(0,0)$ 处可微，则 $\lim\limits_{\substack{x\to 0 \\ y\to 0}} \dfrac{f(x,y)}{x^2+y^2}$ 存在.

5. 已知 n 维向量组 $\boldsymbol{\alpha}_1, \boldsymbol{\alpha}_2, \boldsymbol{\alpha}_3, \boldsymbol{\alpha}_4$ 是线性方程组 $\boldsymbol{AX} = \boldsymbol{0}$ 的基础解系，则向量组 $a\boldsymbol{\alpha}_1 + b\boldsymbol{\alpha}_4, a\boldsymbol{\alpha}_2 + b\boldsymbol{\alpha}_3, a\boldsymbol{\alpha}_3 + b\boldsymbol{\alpha}_2, a\boldsymbol{\alpha}_4 + b\boldsymbol{\alpha}_1$ 也是 $\boldsymbol{AX} = \boldsymbol{0}$ 的基础解系的充分必要条件是（   ）.

A. $a = b$.   B. $a \neq -b$.

C. $a \neq b$.   D. $a \neq \pm b$.

6. 设 $\boldsymbol{A}_{m \times n}(n > m)$，$r(\boldsymbol{A}) = m$，$\boldsymbol{B}_{n \times (n-m)}$，$r(\boldsymbol{B}) = n - m$，$\boldsymbol{AB} = \boldsymbol{O}$，若 $\boldsymbol{\eta}$ 是 $\boldsymbol{AX} = \boldsymbol{0}$ 的解，则线性方程组 $\boldsymbol{BX} = \boldsymbol{\eta}$（   ）.

A. 无解.   B. 有无穷多个解.

C. 有唯一解.   D. 解的情况不能确定.

7. 设 $\boldsymbol{A}$ 是一个 $m \times n$ 矩阵，$\boldsymbol{B}$ 是一个 $n \times s$ 矩阵，则下列命题错误的是（   ）.

A. 若 $r(\boldsymbol{A}) = n$，则 $r(\boldsymbol{AB}) = r(\boldsymbol{B})$.

B. 若 $r(\boldsymbol{B}) = n$，则 $r(\boldsymbol{AB}) = r(\boldsymbol{A})$.

C. 若 $m = s$，且 $\boldsymbol{AB} = \boldsymbol{E}$，则 $\boldsymbol{A}$ 和 $\boldsymbol{B}$ 的列都线性无关.

D. 若 $m = n = s$，且 $\boldsymbol{CAA}^{\mathrm{T}} = \boldsymbol{BAA}^{\mathrm{T}}$，则 $\boldsymbol{CA} = \boldsymbol{BA}$.

8. 已知 (X, Y) 的密度函数 $f(x, y) = \begin{cases} 2xy, & 0 < x < 1, 0 < y < 2x \\ 0, & \text{其他} \end{cases}$，则

$P\left(Y \leqslant \dfrac{2}{3} \middle| X = \dfrac{1}{2}\right)$ 及 X, Y 至少有一个小于 $\dfrac{1}{2}$ 的概率分别为（   ）.

A. $0, \dfrac{5}{32}$.   B. $0, \dfrac{47}{256}$.

C. $\dfrac{4}{9}, \dfrac{47}{256}$.   D. $\dfrac{4}{9}, \dfrac{5}{32}$.

9. 随机试验 E 有三种两两互不相容的结果 A_1, A_2, A_3，$P(A_i) = p_i (i = 1, 2, 3)$，$p_1 + p_2 + p_3 = 1$，将试验 E 重复做 n 次，X 表示 n 次试验中结果 A_1 发生的次数，Y 表示 n 次试验中 A_2 发生的次数，则 X 与 Y 的相关系数为（   ）.

A. $\left[\dfrac{p_1 p_2}{(1 - p_1)(1 - p_2)}\right]^{\frac{1}{2}}$.   B. $-\left[\dfrac{p_1 p_2}{(1 - p_1)(1 - p_2)}\right]^{\frac{1}{2}}$.

C. $\left[\dfrac{(1 - p_1)(1 - p_2)}{p_1 p_2}\right]^{\frac{1}{2}}$.   D. $-\left[\dfrac{(1 - p_1)(1 - p_2)}{p_1 p_2}\right]^{\frac{1}{2}}$.

10. 设 $X_1, X_2, \cdots, X_n$ 为总体 $X \sim N(0, \sigma^2)$ 的简单随机样本，$S_1^2 = \sum\limits_{i=1}^{n}(X_i - \overline{X})^2$，

$\overline{X} = \dfrac{1}{n}\sum\limits_{i=1}^{n} X_i$，则服从 $t(n-1)$ 分布的统计量为（   ）.

A. $\dfrac{\sqrt{n}\,\overline{X}}{\sqrt{n-1}\,S_1}$.   B. $\dfrac{\sqrt{n-1}\,\overline{X}}{\sqrt{n}\,S_1}$.

C. $\dfrac{\sqrt{n(n-1)}\,\overline{X}}{S_1}$.   D. $\dfrac{\overline{X}}{\sqrt{n(n-1)}\,S_1}$.

二、**填空题**:11～16小题,每小题5分,共30分.

11. 函数 $u=u(x,y,z)=xy+yz+xz$ 在点 $P_0(-1,-3,5)$ 处沿各方向的方向导数的最小值为 _____.

12. 已知 $y_1=e^x\sin x$,$y_2=x$ 为某常系数线性齐次微分方程的两个特解,则阶数最低的微分方程为 _____.

13. 设在第一象限内沿逆时针方向的有向曲线段 L 的极坐标方程为 $r=\sqrt{\cos(2\theta)}$,则曲线积分 $\int_L y^3\mathrm{d}x+(1-x^3)\mathrm{d}y=$ _____.

14. $\lim\limits_{n\to\infty}\left(\arctan\dfrac{1}{n}\right)^{\frac{4}{3}}(1+\sqrt[3]{2}+\sqrt[3]{3}+\cdots+\sqrt[3]{n})=$ _____.

15. 设 A 为 3 阶矩阵,$b=(3,3,3)^{\mathrm{T}}$,方程组 $AX=b$ 通解为 $k_1(-1,2,-1)^{\mathrm{T}}+k_2(0,-1,1)^{\mathrm{T}}+(1,1,1)^{\mathrm{T}}$,其中 k_1,k_2 是任意常数,则行列式 $|E+2A^2|=$ _____.

16. 设 X 的密度函数为 $f(x)=\begin{cases}\ln 2\cdot 2^{-x}, & x>0\\ 0, & x\leqslant 0\end{cases}$,对 X 进行独立重复的观察,直至第二个大于 3 的观察值出现时停止,记 Y 为观察次数,则 $D(Y)=$ _____.

三、**解答题**:17～22小题,共70分.解答应写出文字说明、证明过程或演算步骤.

17.(本题满分10分)

设 $f(x)$ 可导,且 $f(0)\neq 0$.

(1) 证明:当 $x\to 0$ 时,$\int_0^x f(t)\mathrm{d}t\sim f(0)x$;

(2) 求极限 $I=\lim\limits_{x\to 0}\left[\dfrac{1}{\int_0^x f(t)\mathrm{d}t}-\dfrac{1}{xf(0)}\right]$;

(3) 设 $f'(x)$ 连续,且 $f'(0)\neq 0$,由积分中值定理,$\exists\xi\in[0,x]$,使 $\int_0^x f(t)\mathrm{d}t=xf(\xi)$($\xi$ 介于 0 与 x 之间),求 $\lim\limits_{x\to 0}\dfrac{\xi}{x}$.

18.（本题满分 12 分）

计算曲线积分 $I = \int_L \dfrac{(x-y)\mathrm{d}x + (x+y)\mathrm{d}y}{x^2+y^2}$，其中 L 为从 $A(-1,0)$ 沿上半圆周 $y = \sqrt{4-(x-1)^2}$ 至 $B(3,0)$ 的一段曲线.

— 4 —

19. (本题满分 12 分)

(1) 设 $f(x),g(x)$ 在 $[a,b]$ 上连续,证明:$\left(\int_a^b f(x)g(x)\mathrm{d}x\right)^2 \leqslant \int_a^b f^2(x)\mathrm{d}x \cdot \int_a^b g^2(x)\mathrm{d}x$,且等号当且仅当 $f(x)=kg(x)$ 时才成立,其中 k 为常数.

(2) 设 $f(x)$ 在 $[a,b](b>a)$ 上非负且连续,且 $\int_a^b f(x)\mathrm{d}x=1$,证明:

$$\left(\int_a^b xf(x)\mathrm{d}x\right)^2 < \int_a^b x^2 f(x)\mathrm{d}x.$$

— 5 —

20.（本题满分 12 分）

设函数 $y(x)(x \geqslant 0)$ 由方程 $y^3 + xy - 8 = 0$ 唯一确定.

（1）证明：$y^2 \mathrm{d}x = -2(y^3 + 4)\mathrm{d}y$；

（2）计算积分 $\displaystyle\int_0^7 y^2(x)\mathrm{d}x$.

21.（本题满分 12 分）

已知矩阵 $A = \begin{pmatrix} 2 & -2 & 0 \\ -2 & 1 & -2 \\ 0 & -2 & 0 \end{pmatrix}$，$B = \begin{pmatrix} 1 & -2 & -2 \\ -2 & 2 & 0 \\ -2 & 0 & 0 \end{pmatrix}$，$A$，$B$ 是否相似？如果不相似，请说明理由；如果相似，求出可逆矩阵 P，使 $P^{-1}AP = B$.

22.（本题满分 12 分）

在 $\triangle ABC$ 内部任意一点 D，在底边 BC 上任取一点 Q，点 A 到 BC 的距离为 h．

（1）求直线 DQ 与线段 AB 相交的概率；

（2）记 D 到底边 BC 的距离为 X，求 X 的分布函数．

数学模拟试题二

一、选择题：1~10小题，每小题5分，共50分。下列每题给出的四个选项中，只有一个选项是最符合题目要求的。

1. 设 $x \to 0$ 时，$x - \sqrt[3]{\sin x^3} \sim Ax^k$，则下列说法正确的是（   ）。

A. $A = \dfrac{1}{3}, k = 7$.   B. $A = \dfrac{1}{18}, k = 7$.

C. $A = \dfrac{1}{3}, k = 6$.   D. $A = \dfrac{1}{18}, k = 6$.

2. 函数 $f(x,y) = x^2 e^{-x^4 - y^2}$ 在整个二维平面 $(-\infty < x, y < +\infty)$ 上（   ）。

A. 有两个最大值点，无穷多个最小值点.   B. 有无穷多个最小值点，无最大值点.

C. 有一个最大值点，一个最小值点.   D. 无最值点.

3. 设 L 是以 $A(1,1), B(-1,1), C(-1,-1), D(1,-1)$ 为顶点的正方形边界，则 $\displaystyle\oint_L \frac{x+y+1}{|x|+|y|} \mathrm{d}s = ($ $)$.

A. 0.   B. 8.

C. 4ln2.   D. 8ln2.

4. 设三元方程 $xy - z\ln y + \mathrm{e}^{xz} = 1$，根据隐函数存在定理，存在点 $(0,1,1)$ 的一个邻域，在此邻域内该方程（   ）。

A. 只能确定一个具有连续偏导数的隐函数 $z = z(x,y)$.

B. 可确定两个具有连续偏导数的隐函数 $y = y(x,z)$ 和 $z = z(x,y)$.

C. 可确定两个具有连续偏导数的隐函数 $x = x(y,z)$ 和 $z = z(x,y)$.

D. 可确定两个具有连续偏导数的隐函数 $x = x(y,z)$ 和 $y = y(x,z)$.

5. 设 $\boldsymbol{A}$ 为 $2n$ 阶方阵，$\boldsymbol{b} = (b_1, b_2, \cdots, b_{2n})^{\mathrm{T}}$，且

$$\boldsymbol{A} = \begin{pmatrix} a_1 & 0 & 0 & \cdots & 0 & 0 \\ 1 & a_2 & 0 & \cdots & 0 & 0 \\ 0 & 1 & a_3 & \cdots & 0 & 0 \\ \vdots & \vdots & \vdots & & \vdots & \vdots \\ 0 & 0 & 0 & \cdots & a_{2n-1} & 0 \\ 0 & 0 & 0 & \cdots & 1 & a_{2n} \end{pmatrix},$$

则 $r\begin{pmatrix} \boldsymbol{A} - \boldsymbol{A}^{\mathrm{T}} & \boldsymbol{b} \\ \boldsymbol{b}^{\mathrm{T}} & \boldsymbol{O} \end{pmatrix}$ 为（   ）。

A. $2n-1$.   B. $2n$.

C. $2n+1$.   D. 不能确定.

6. 下列说法错误的是( ).

A. 设 λ_1，λ_2 是 n 阶矩阵 A 的两个不同特征值，X_1，X_2 分别属于 A 对应于特征值 λ_1，λ_2 的特征向量，则 X_1+X_2 一定不是 A 的特征向量.

B. 设 A，B 是 $n\times n$ 阶矩阵，且 $E+AB$ 可逆，则 $E+BA$ 也可逆且 $(E+BA)^{-1}=E-B(E+AB)^{-1}A$.

C. 设 A 是 n 阶实对称可逆矩阵，则 A 与 A^{-1} 合同.

D. 设 n 维向量组 $\boldsymbol{\alpha}_1$，$\boldsymbol{\alpha}_2$，$\cdots$，$\boldsymbol{\alpha}_s$ 线性相关 $(s\geqslant 2)$，则每个 $\boldsymbol{\alpha}_i$ $(1\leqslant i\leqslant s)$ 都是 $\boldsymbol{\alpha}_1$，$\boldsymbol{\alpha}_2$，$\cdots$，$\boldsymbol{\alpha}_{i-1}$，$\boldsymbol{\alpha}_{i+1}$，$\cdots$，$\boldsymbol{\alpha}_s$ 的线性组合.

7. 设 A 和 $A-\boldsymbol{\alpha}\boldsymbol{\alpha}^{\mathrm{T}}$ 都是 n 阶可逆实对称阵，其中 $\boldsymbol{\alpha}$ 为 $n\times 1$ 实矩阵，$s(A)$ 表示 A 的符号差(即二次型 $f=\boldsymbol{X}^{\mathrm{T}}\boldsymbol{A}\boldsymbol{X}$ 的符号差)，则下列说法正确的是( ).

A. 当 $\boldsymbol{\alpha}^{\mathrm{T}}\boldsymbol{A}^{-1}\boldsymbol{\alpha}>1$ 时，$s(A)=s(A-\boldsymbol{\alpha}\boldsymbol{\alpha}^{\mathrm{T}})+1$；

   当 $\boldsymbol{\alpha}^{\mathrm{T}}\boldsymbol{A}^{-1}\boldsymbol{\alpha}<1$ 时，$s(A)=s(A-\boldsymbol{\alpha}\boldsymbol{\alpha}^{\mathrm{T}})$.

B. 当 $\boldsymbol{\alpha}^{\mathrm{T}}\boldsymbol{A}^{-1}\boldsymbol{\alpha}>1$ 时，$s(A)=s(A-\boldsymbol{\alpha}\boldsymbol{\alpha}^{\mathrm{T}})$；

   当 $\boldsymbol{\alpha}^{\mathrm{T}}\boldsymbol{A}^{-1}\boldsymbol{\alpha}<1$ 时，$s(A)=s(A-\boldsymbol{\alpha}\boldsymbol{\alpha}^{\mathrm{T}})+1$.

C. 当 $\boldsymbol{\alpha}^{\mathrm{T}}\boldsymbol{A}^{-1}\boldsymbol{\alpha}>1$ 时，$s(A)=s(A-\boldsymbol{\alpha}\boldsymbol{\alpha}^{\mathrm{T}})+2$；

   当 $\boldsymbol{\alpha}^{\mathrm{T}}\boldsymbol{A}^{-1}\boldsymbol{\alpha}<1$ 时，$s(A)=s(A-\boldsymbol{\alpha}\boldsymbol{\alpha}^{\mathrm{T}})$.

D. 当 $\boldsymbol{\alpha}^{\mathrm{T}}\boldsymbol{A}^{-1}\boldsymbol{\alpha}>1$ 时，$s(A)=s(A-\boldsymbol{\alpha}\boldsymbol{\alpha}^{\mathrm{T}})$；

   当 $\boldsymbol{\alpha}^{\mathrm{T}}\boldsymbol{A}^{-1}\boldsymbol{\alpha}<1$ 时，$s(A)=s(A-\boldsymbol{\alpha}\boldsymbol{\alpha}^{\mathrm{T}})+2$.

8. 下列四个结论：

① 若 $F(x)$ 是一元分布函数，$h>0$，则 $\varphi(x)=\dfrac{1}{h}\displaystyle\int_x^{x+h}F(t)\mathrm{d}t$ 也是分布函数.

② 若 $F(x)$ 是一元分布函数，$h>0$，则 $\varphi(x)=\dfrac{1}{2h}\displaystyle\int_{x-h}^{x+h}F(t)\mathrm{d}t$ 也是分布函数.

③ 若 $g(x)$ 为定义在 $x>0$ 上的一元密度函数，则 $f(x,y)=$
$$\begin{cases}\dfrac{2g\left(\sqrt{x^2+y^2}\right)}{\pi\sqrt{x^2+y^2}}, & x>0,y>0 \\ 0, & \text{其他}\end{cases}$$
为二元密度函数.

④ 设 $F_1(x)$，$F_2(y)$ 为一元分布函数，分别具有密度函数 $f_1(x)$，$f_2(y)$，则 $f(x,y)=f_1(x)f_2(y)\{1+a[2F_1(x)-1][2F_2(y)-1]\}$ 为二元密度函数，其中 $|a|<1$.

正确的个数为( ).

A. 1个.   B. 2个.   C. 3个.   D. 4个.

9. 设 A, B, C 为三个随机事件, 已知: 若 A 与 B 同时发生, 则 C 发生; 若 C 发生, 则 A 发生或者 B 发生. 下列关于 A, B, C 的概率不等式正确的是( ).

A. $P(AB) \leqslant 1 - P(\overline{A}) - P(\overline{B})$.

B. $P(\overline{C}) \leqslant P(\overline{A}) + P(\overline{B})$.

C. $P(AB) + P(AC) - P(BC) \geqslant P(A)$.

D. $P(C) \leqslant P(A) + P(B) - 1$.

10. 设系统 L 由两个相互独立的子系统 L_1, L_2 联接而成, 三种联接方式如下图所示. 设 L_1, L_2 的寿命分别为 X, Y, 分别服从参数为 α, β ($\alpha \neq \beta$) 的指数分布, 则系统 (ⅰ), (ⅱ), (ⅲ) (L_1 损坏后再使用 L_2) 的寿命密度函数 $f_1(x)$, $f_2(x)$, $f_3(x)$ 分别为( ).

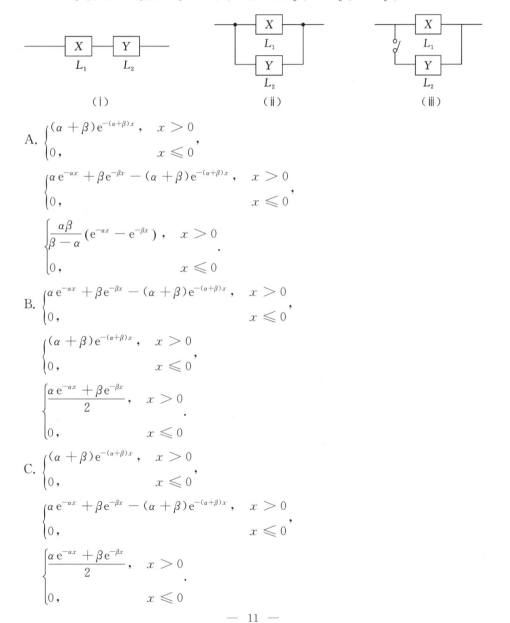

A.
$$\begin{cases} (\alpha + \beta)e^{-(\alpha+\beta)x}, & x > 0 \\ 0, & x \leqslant 0 \end{cases},$$
$$\begin{cases} \alpha e^{-\alpha x} + \beta e^{-\beta x} - (\alpha+\beta)e^{-(\alpha+\beta)x}, & x > 0 \\ 0, & x \leqslant 0 \end{cases},$$
$$\begin{cases} \dfrac{\alpha\beta}{\beta-\alpha}(e^{-\alpha x} - e^{-\beta x}), & x > 0 \\ 0, & x \leqslant 0 \end{cases}.$$

B.
$$\begin{cases} \alpha e^{-\alpha x} + \beta e^{-\beta x} - (\alpha+\beta)e^{-(\alpha+\beta)x}, & x > 0 \\ 0, & x \leqslant 0 \end{cases},$$
$$\begin{cases} (\alpha + \beta)e^{-(\alpha+\beta)x}, & x > 0 \\ 0, & x \leqslant 0 \end{cases},$$
$$\begin{cases} \dfrac{\alpha e^{-\alpha x} + \beta e^{-\beta x}}{2}, & x > 0 \\ 0, & x \leqslant 0 \end{cases}.$$

C.
$$\begin{cases} (\alpha + \beta)e^{-(\alpha+\beta)x}, & x > 0 \\ 0, & x \leqslant 0 \end{cases},$$
$$\begin{cases} \alpha e^{-\alpha x} + \beta e^{-\beta x} - (\alpha+\beta)e^{-(\alpha+\beta)x}, & x > 0 \\ 0, & x \leqslant 0 \end{cases},$$
$$\begin{cases} \dfrac{\alpha e^{-\alpha x} + \beta e^{-\beta x}}{2}, & x > 0 \\ 0, & x \leqslant 0 \end{cases}.$$

D. $\begin{cases} \alpha e^{-\alpha x} + \beta e^{-\beta x} - (\alpha+\beta)e^{-(\alpha+\beta)x}, & x > 0 \\ 0, & x \leqslant 0 \end{cases}$,

$\begin{cases} (\alpha+\beta)e^{-(\alpha+\beta)x}, & x > 0 \\ 0, & x \leqslant 0 \end{cases}$,

$\begin{cases} \dfrac{\alpha\beta}{\beta-\alpha}(e^{-\alpha x} - e^{-\beta x}), & x > 0 \\ 0, & x \leqslant 0 \end{cases}$.

二、填空题：11～16 小题，每小题 5 分，共 30 分．

11. 极限 $\lim\limits_{x \to +\infty} \dfrac{\displaystyle\int_0^x |\sin t|\,\mathrm{d}t}{x} = $ _____．

12. 广义积分 $\displaystyle\int_{-\infty}^{+\infty}\int_{-\infty}^{+\infty} \min(x,y)e^{-(x^2+y^2)}\,\mathrm{d}x\,\mathrm{d}y = $ _____．

13. 由 $z = xy, z = x+y, x+y = 1, x = 0, y = 0$ 围成的几何体体积 $V = $ _____．

14. 在直角坐标系下，点 O, A, B, C 的坐标分别为 $O(0,0,0), A(1,2,0), B(2,3,1), C(4,2,2)$，则四面体 $OABC$ 的体积为 _____．

15. 设 X 的密度函数为 $f(x) = \begin{cases} \dfrac{x^m}{m!}e^{-x}, & x > 0 \\ 0, & x \leqslant 0 \end{cases}$ ，则根据切比雪夫不等式 $P(0 < X < 2(m+1)) \geqslant$ _____．

16. n 阶行列式 $(n \geqslant 3)$ $\begin{vmatrix} 0 & 1 & 1 & \cdots & 1 \\ 1 & 0 & x & \cdots & x \\ 1 & x & 0 & \cdots & x \\ \vdots & \vdots & \vdots & & \vdots \\ 1 & x & x & \cdots & 0 \end{vmatrix}$ 的值为 _____．

三、解答题：17～22 小题，共 70 分．解答应写出文字说明、证明过程或演算步骤．

17.（本题满分 10 分）

求方程 $xy'' - (2x+1)y' + (x+1)y = (x^2+x-1)e^{2x}$ 的通解．

18.（本题满分 12 分）

幂级数 $S(x) = 1 + \sum_{n=1}^{\infty} \frac{(2n-1)!!}{(2n)!!} x^n$

（1）验证其收敛半径 $R = 1$，并求收敛域；

（2）求出和函数 $S(x)$.

19.（本题满分 12 分）

设 S 为椭球面 $\frac{x^2}{a^2} + \frac{y^2}{b^2} + \frac{z^2}{c^2} = 1$ 的外侧，其中 a, b, c 均为正常数，计算下列积分：

$$I_1 = \iint_S \mathrm{d}x\,\mathrm{d}y, \quad I_2 = \iint_S z\,\mathrm{d}x\,\mathrm{d}y, \quad I_3 = \iint_S z^3\,\mathrm{d}x\,\mathrm{d}y.$$

20. （本题满分 12 分）

证明不等式：

$$\left| \frac{\sin x - \sin y}{x - y} - \cos y \right| \leqslant \frac{1}{2} |x - y| , \forall x , y \in (-\infty , +\infty).$$

21.（本题满分 12 分）

设 $X_1, X_2, \cdots, X_n, X_{n+1}$ 独立同分布，其中 $P(X_i=1)=p$，$P(X_i=0)=1-p$，令

$$Y_i = \begin{cases} 0, & X_i + X_{i+1} = \text{偶数} \\ 1, & X_i + X_{i+1} = 1 \end{cases}, (i=1,2,\cdots,n)$$

求 $Z = \sum_{i=1}^{n} Y_i$ 的均值和方差.

22.（本题满分 12 分）

设 $\boldsymbol{A}$，$\boldsymbol{B}$ 均为 n 阶矩阵.

（1）证明：$r(\boldsymbol{A}+\boldsymbol{B}) \leqslant r(\boldsymbol{A})+r(\boldsymbol{B})$；

（2）若 $\boldsymbol{AB}=\boldsymbol{O}$，证明：$r(\boldsymbol{A})+r(\boldsymbol{B}) \leqslant n$；

（3）若 $\boldsymbol{A}^2=\boldsymbol{A}$，证明：$r(\boldsymbol{A})+r(\boldsymbol{A}-\boldsymbol{E})=n$.

数学模拟试题三

一、选择题:1～10小题,每小题5分,共50分.下列每题给出的四个选项中,只有一个选项是最符合题目要求的.

1. 函数 $f(x)=(x^2+x-2)\,|\sin(2\pi x)|$ 在 $\left(-\dfrac{1}{2},\dfrac{3}{2}\right)$ 区间上不可导点的个数是(   ).

    A. 0 个.　　　　　　B. 1 个.　　　　　　C. 2 个.　　　　　　D. 3 个.

2. 已知 $f'_x(0,0)=2,f'_y(0,0)=1$,则一定能推出(   ).

    A. 曲面 $z=f(x,y)$ 在点 $(0,0,f(0,0))$ 处的法向量为 $\{2,1,1\}$.

    B. 曲线 $\begin{cases} z=f(x,y) \\ y=0 \end{cases}$ 在点 $(0,0,f(0,0))$ 处的切向量为 $\{2,0,1\}$.

    C. 曲线 $\begin{cases} z=f(x,y) \\ y=0 \end{cases}$ 在点 $(0,0,f(0,0))$ 处的切向量为 $\{1,0,2\}$.

    D. $\mathrm{d}z|_{(0,0)}=2\mathrm{d}x+\mathrm{d}y$.

3. 级数 $\displaystyle\sum_{n=1}^{\infty}\dfrac{(-1)^n}{n^{\lambda}}\sin\dfrac{\pi}{\sqrt{n}}$($\lambda$ 为常数)(   ).

    A. 当 $\lambda\leqslant\dfrac{1}{2}$ 时,条件收敛.　　　　B. 当 $\lambda>-\dfrac{1}{2}$ 时,条件收敛.

    C. 当 $\lambda\geqslant\dfrac{1}{2}$ 时,绝对收敛.　　　　D. 当 $-\dfrac{1}{2}<\lambda\leqslant\dfrac{1}{2}$ 时,条件收敛.

4. 当 $x\to 0$ 时,无穷小 $\alpha=\sqrt{1+\tan x}-\sqrt{1+\sin x}$,$\beta=\sqrt{1+2x}-\sqrt[3]{1+3x}$,$\gamma=x-\left(\dfrac{4}{3}-\dfrac{1}{3}\cos x\right)\sin x$,$\theta=\displaystyle\int_0^{\ln(1+x^2)}\mathrm{e}^{t^2}\dfrac{\sin^2 t}{t}\mathrm{d}t$,从低阶至高阶的排列顺序为(   ).

    A. $\alpha,\beta,\gamma,\theta$.　　　　　　　　B. $\gamma,\alpha,\beta,\theta$.

    C. $\beta,\alpha,\theta,\gamma$.　　　　　　　　D. $\theta,\gamma,\beta,\alpha$.

5. 设 $n(n\geqslant 3)$ 阶方阵 $\boldsymbol{A}=\begin{pmatrix} a & b & \cdots & b \\ b & a & \cdots & b \\ \vdots & \vdots & & \vdots \\ b & b & \cdots & a \end{pmatrix}$,且 $r(\boldsymbol{A}^*)=1$,令 $\boldsymbol{B}=nb\boldsymbol{E}+\boldsymbol{A}$,

$\boldsymbol{C}=(n+1)b\boldsymbol{E}+\boldsymbol{A}$,则下列说法正确的是(   ).

A. $\boldsymbol{B}$, $\boldsymbol{C}$ 均可逆.　　　　　　　　　B. $\boldsymbol{B}$ 不可逆,$\boldsymbol{C}$ 可逆.

C. $\boldsymbol{B}$, $\boldsymbol{C}$ 均不可逆.　　　　　　　　　D. $\boldsymbol{B}$ 可逆,$\boldsymbol{C}$ 不可逆.

6. 设有两个 n 阶矩阵,$\boldsymbol{A} = \begin{pmatrix} 1 & 1 & \cdots & 1 \\ 1 & 1 & \cdots & 1 \\ \vdots & \vdots & & \vdots \\ 1 & 1 & \cdots & 1 \end{pmatrix}$,$\boldsymbol{B} = \begin{pmatrix} n & 0 & \cdots & 0 \\ 1 & 0 & \cdots & 0 \\ 2 & 0 & \cdots & 0 \\ \vdots & \vdots & & \vdots \\ n-1 & 0 & \cdots & 0 \end{pmatrix}$,则(　　).

A. $\boldsymbol{A}$, $\boldsymbol{B}$ 等价,不相似.　　　　　　B. $\boldsymbol{A}$, $\boldsymbol{B}$ 等价且相似.

C. $\boldsymbol{A}$, $\boldsymbol{B}$ 合同且相似.　　　　　　D. $\boldsymbol{A}$, $\boldsymbol{B}$ 合同且等价.

7. 设 $\boldsymbol{A} = \begin{pmatrix} \boldsymbol{B} & \boldsymbol{G} \\ \boldsymbol{G}^{\mathrm{T}} & \boldsymbol{O} \end{pmatrix}$,其中 $\boldsymbol{B}$ 为 $n \times n$ 正定矩阵,$\boldsymbol{G}$ 是秩为 m 的 $n \times m$ 矩阵 $(n \geq m)$,则下列说法正确的是(　　).

A. $r(\boldsymbol{A}) = n$,且 $\boldsymbol{A}$ 有 n 个正特征值,m 个零特征值.

B. $r(\boldsymbol{A}) = n$,且 $\boldsymbol{A}$ 有 n 个正特征值,m 个负特征值.

C. $r(\boldsymbol{A}) = n + m$,且 $\boldsymbol{A}$ 有 n 个正特征值,m 个负特征值.

D. $r(\boldsymbol{A}) = n + m$,且 $\boldsymbol{A}$ 有 $(n+m)$ 个正特征值.

8. 设 A, B, C 为三个随机事件,且 A 与 C 相互独立,B 与 C 相互独立,则 $A - B$ 与 C 相互独立的充分必要条件是(　　).

A. A 与 B 相互独立.　　　　　　B. A 与 B 互不相容.

C. AB 与 C 相互独立.　　　　　　D. AB 与 C 互不相容.

9. 设总体 $(X, Y) \sim N(\mu_1, \mu_2, \sigma_1^2, \sigma_2^2, \rho)$,$(X_1, Y_1), (X_2, Y_2), \cdots, (X_n, Y_n)$ 为来自 (X, Y) 的一些简单随机样本,$\overline{X} = \dfrac{1}{n} \sum_{i=1}^{n} X_i$,$\overline{Y} = \dfrac{1}{n} \sum_{i=1}^{n} Y_i$,则 $E(\overline{X}\,\overline{Y})$ 及 $E\left[\sum_{i=1}^{n}(X_i - \overline{X})(Y_i - \overline{Y})\right]$ 分别为(　　).

A. $\mu_1 \mu_2$,$n\sigma_1\sigma_2\rho$.　　　　　　B. $\mu_1 \mu_2 + \dfrac{1}{n}\sigma_1\sigma_2\rho$,$n\sigma_1\sigma_2\rho$.

C. $\mu_1 \mu_2 + \dfrac{\sigma_1\sigma_2\rho}{n}$,$(n-1)\sigma_1\sigma_2\rho$.　　　D. $\mu_1 \mu_2$,$(n-1)\sigma_1\sigma_2\rho$.

10. 设总体 $X \sim N(\mu, \sigma^2)$,其中 μ, σ 为常数,$X_1, X_2, \cdots X_n$ 为来自总体 X 的简单随机样本,则当 $n \to \infty$ 时,$Y_n = \dfrac{1}{n} \sum_{i=1}^{n} X_i^3$ 依概率收敛于(　　).

A. μ^3.　　　　　　　　　　　　B. σ^3.

C. $\mu^3 + 3\mu\sigma^2$.　　　　　　　D. $\mu^3 + 3\mu^2\sigma^3$.

二、填空题：11～16 小题，每小题 5 分，共 30 分.

11. 微分方程 $yy'' + (y')^2 = 0$ 满足 $y(0) = 1, y'(0) = \frac{1}{2}$ 的特解是 _____ .

12. 设 L 是单位圆 $x^2 + y^2 = 1, \vec{n}$ 为 L 的外法向量，$u(x,y) = \frac{1}{12}(x^4 + y^4)$，则

$\oint_L \frac{\partial u}{\partial \vec{n}} \mathrm{d}s =$ _____ ，其中 $\frac{\partial u}{\partial \vec{n}}$ 表示函数 u 在任意点 (x,y) 沿着 $\vec{n}$ 的方向的导数.

13. $f(x) = 1 - x^2 \ (0 \leqslant x \leqslant \pi)$ 展开成余弦级数为 _____ .

14. 积分 $I = \int_0^1 \mathrm{d}y \int_0^1 \sqrt{\mathrm{e}^{2x} - y^2}\, \mathrm{d}x + \int_1^{\mathrm{e}} \mathrm{d}y \int_{\ln y}^1 \sqrt{\mathrm{e}^{2x} - y^2}\, \mathrm{d}x =$ _____ .

15. $X \sim N(1,4)$，则 $D(X^2 - 2X) =$ _____ .

16. 设 $x_i \neq 0, i = 1,2,3,4$，则行列式 $D = \begin{vmatrix} a+x_1 & a & a & a \\ a & a+x_2 & a & a \\ a & a & a+x_3 & a \\ a & a & a & a+x_4 \end{vmatrix} =$

_____ .

三、解答题：17～22 小题，共 70 分.解答应写出文字说明、证明过程或演算步骤.

17.（本题满分 10 分）

求幂级数 $x + 2\sum_{n=1}^{\infty} \frac{(-1)^{n+1}}{4n^2 - 1} x^{2n+1}$ 的收敛域和函数.

18. （本题满分 12 分）

计算 $I = \iint\limits_{\Sigma} \dfrac{1}{x}\,\mathrm{d}y\,\mathrm{d}z + \dfrac{1}{y}\,\mathrm{d}x\,\mathrm{d}z + \dfrac{1}{z}\,\mathrm{d}x\,\mathrm{d}y$，其中 Σ 为 $\dfrac{x^2}{a^2} + \dfrac{y^2}{b^2} + \dfrac{z^2}{c^2} = 1$ 的外表面.

19.（本题满分 12 分）

计算 $I = \int_L \dfrac{x\,\mathrm{d}y - y\,\mathrm{d}x}{4x^2 + y^2}$，$L$ 为由 $A(-1,0)$ 经 $B(1,0)$ 至点 $C(-1,2)$ 的路径，$\overparen{AB}$ 为下半圆周，$\overline{BC}$ 为直线段.

20.（本题满分 12 分）

已知 $y=e^x$ 是 $(2x-1)y''-(2x+1)y'+2y=0$ 的一个解，求此线性方程的通解．进一步：若 $(2x-1)y''-(2x+1)y'+2y=-2x^2+2x-2$，求通解．

21.（本题满分 12 分）

设随机变量 X 服从参数 $\lambda = 1$ 的指数分布，令 $Y = \max(X, 1)$.

（1）求 Y 的分布函数；

（2）求 $E(Y)$.

22.（本题满分 12 分）

设 A 是三阶方阵，$\boldsymbol{\alpha}_1,\boldsymbol{\alpha}_2$ 分别为 A 的特征值 $-1,1$ 的特征向量，又 $A\boldsymbol{\alpha}_3=\boldsymbol{\alpha}_2+\boldsymbol{\alpha}_3$.

（1）证明 $\boldsymbol{\alpha}_1,\boldsymbol{\alpha}_2,\boldsymbol{\alpha}_3$ 线性无关；

（2）令 $\boldsymbol{P}=(\boldsymbol{\alpha}_1,\boldsymbol{\alpha}_2,\boldsymbol{\alpha}_3)$，计算 $\boldsymbol{P}^{-1}A\boldsymbol{P}$.

数学模拟试题四

一、选择题:1~10小题,每小题5分,共50分.下列每题给出的四个选项中,只有一个选项是最符合题目要求的.

1. 下列五个命题:

① 若 $\lim\limits_{n \to \infty} \dfrac{a_{n+1}}{a_n} > 1$,则 $\sum\limits_{n=1}^{\infty} a_n$ 发散.

② 若 $\sum\limits_{n=1}^{\infty} (a_{2n-1} + a_{2n})$ 收敛,则 $\sum\limits_{n=1}^{\infty} a_n$ 收敛.

③ 若 $a_n > 0, \dfrac{a_{n+1}}{a_n} < 1 (n = 1, 2, \cdots)$,则 $\sum\limits_{n=1}^{\infty} a_n$ 收敛.

④ 若 $\sum\limits_{n=1}^{\infty} a_n$ 收敛,且 $\lim\limits_{n \to \infty} n a_n$ 存在,则 $a_n = o\left(\dfrac{1}{n}\right)$.

⑤ 若 $\sum\limits_{n=1}^{\infty} a_n$ 收敛,且 a_n 单调递减,则 $a_n = o\left(\dfrac{1}{n}\right)$.

正确的是(　　).

A. ①③④.　　　　　　　　　B. ②③④.

C. ①②③.　　　　　　　　　D. ①④⑤.

2. 由中值定理,$\exists \theta = \theta(x)$,使得 $(x+1)^{\frac{1}{n}} - x^{\frac{1}{n}} = \dfrac{1}{n}(x + \theta(x))^{-1+\frac{1}{n}}$,则 $\lim\limits_{x \to +\infty} \theta(x) = ($　　$)$.

A. 0.　　　　　　　　　　　B. ∞.

C. $\dfrac{1}{3}$.　　　　　　　　　　D. $\dfrac{1}{2}$.

3. 设 $y = y(x)$ 是 $y'' + by' + cy = 0$ 的解,其中 b, c 为正常数,则 $\lim\limits_{x \to +\infty} y(x)($　　$)$.

A. 与解 $y = y(x)$ 的初值 $y(0), y'(0)$ 有关,与 b, c 无关.

B. 与解 $y = y(x)$ 的初值 $y(0), y'(0)$ 及 b, c 均无关.

C. 与解 $y = y(x)$ 的初值 $y(0), y'(0)$ 及 c 无关,只与 b 有关.

D. 与解 $y = y(x)$ 的初值 $y(0), y'(0)$ 及 b 无关,只与 c 有关.

4. 当 $x \to 0$ 时,$3x - 4\sin x + \sin x \cos x$ 与 x^n 为同阶无穷小,则 $n = ($ $)$.

A. 2.   B. 3.   C. 4.   D. 5.

5. 矩阵 $\boldsymbol{A} = \begin{pmatrix} \lambda & 1 & 2 & -3 & 2 \\ \lambda^2 & -3 & 2 & 1 & -1 \\ \lambda^3 & -1 & 2 & -1 & u \end{pmatrix}$,则关于 $r(\boldsymbol{A})$ 的说法正确的是( ).

A. $r(\boldsymbol{A}) = 2$ 且与 u 无关.

B. 只与 u 有关,当 $u \neq \dfrac{1}{2}$ 时,$r(\boldsymbol{A}) = 3$;当 $u = \dfrac{1}{2}$ 时,$r(\boldsymbol{A}) = 2$.

C. 只与 λ 有关,当 $\lambda \neq 0, 1, -\dfrac{1}{2}$ 时,$r(\boldsymbol{A}) = 3$;当 $\lambda = 0, 1, -\dfrac{1}{2}$ 时,$r(\boldsymbol{A}) = 2$.

D. 与 λ, u 都有关,$2 \leqslant r(\boldsymbol{A}) \leqslant 3$.

6. 二次型 $f(x_1, x_2, x_3, x_4) = \boldsymbol{X}^{\mathrm{T}} \boldsymbol{A} \boldsymbol{X}$,其中 $\boldsymbol{A} = \begin{pmatrix} \dfrac{1}{2} & \dfrac{1}{2} & \dfrac{1}{2} & \dfrac{1}{2} \\ \dfrac{1}{2} & \dfrac{1}{2} & -\dfrac{1}{2} & -\dfrac{1}{2} \\ \dfrac{1}{2} & -\dfrac{1}{2} & \dfrac{1}{2} & -\dfrac{1}{2} \\ \dfrac{1}{2} & -\dfrac{1}{2} & -\dfrac{1}{2} & \dfrac{1}{2} \end{pmatrix}$,则存在正

交阵 $\boldsymbol{Q}$,使得在正交变换 $\boldsymbol{X} = \boldsymbol{Q} \boldsymbol{Y}$ 下,二次型化为标准型( ).

A. $y_1^2 + y_2^2 + y_3^2 - y_4^2$.   B. $y_1^2 + y_2^2 - y_3^2$.

C. $2y_1^2 + y_2^2 - y_3^2$.   D. $2y_1^2 + 2y_2^2 - y_3^2 - y_4^2$.

7. 设矩阵 $\begin{pmatrix} a_1 & b_1 & c_1 \\ a_2 & b_2 & c_2 \\ a_3 & b_3 & c_3 \end{pmatrix}$ 是满秩矩阵,则直线 $\dfrac{x - a_3}{a_1 - a_2} = \dfrac{y - b_3}{b_1 - b_2} = \dfrac{z - c_3}{c_1 - c_2}$ 与直线

$\dfrac{x - a_1}{a_2 - a_3} = \dfrac{y - b_1}{b_2 - b_3} = \dfrac{z - c_1}{c_2 - c_3}$( ).

A. 相交于一点.   B. 重合.

C. 平行但不重合.   D. 异面.

8. 进行一系列独立试验,假设每次试验的成功率都是 p,在试验成功 2 次前已经失败 3 次的概率是( ).

A. $4p(1-p)^3$.   B. $4p^2(1-p)^3$.

C. $10p^2(1-p)^3$.   D. $p^2(1-p)^3$.

9. 设 X_1, X_2, X_3, X_4 独立同分布, 均服从参数 λ 的指数分布, 令 $Y_1 = \dfrac{X_2}{X_1}, Y_2 = \dfrac{X_1 + X_2}{X_3 + X_4}, Y_3 = \dfrac{X_1}{X_1 + X_2}$, 则 (　　).

A. $Y_1 \sim F(1,1), Y_2 \sim F(2,2), Y_3 = F(1,2)$.

B. $Y_1 \sim t(1), Y_2 \sim t(2), Y_3 \sim F(1,2)$.

C. $Y_1 \sim F(2,2), Y_2 \sim F(4,4), Y_3 \sim U[0,1]$.

D. $Y_1 \sim t(1), Y_2 \sim F(2,2), Y_3 \sim U[0,1]$.

10. 在伯努利试验中, 每次试验成功的概率为 $p(0 < p < 1)$, 试验到成功与失败均出现为止, 则平均试验的次数为 (　　).

A. $\dfrac{1}{p} + \dfrac{1}{1-p}$.

B. $\dfrac{1}{p} + \dfrac{1}{1-p} - 1$.

C. $2\left(\dfrac{1}{p} + \dfrac{1}{1-p}\right) - 1$.

D. $\dfrac{1}{2}\left(\dfrac{1}{p} + \dfrac{1}{1-p}\right)$.

二、填空题: 11 ~ 16 小题, 每小题 5 分, 共 30 分.

11. $\displaystyle\lim_{r \to 0^+} \frac{1}{r^3} \iiint\limits_{x^2+y^2+z^2 \leqslant r^2} \mathrm{e}^{x+y+z} \cos(xyz) \,\mathrm{d}x\,\mathrm{d}y\,\mathrm{d}z = $ _____.

$\displaystyle\lim_{r \to 0^+} \frac{1}{r^2} \iint\limits_{x^2+y^2 \leqslant r^2} \mathrm{e}^{x+y} \cos(xy) \,\mathrm{d}x\,\mathrm{d}y = $ _____.

12. $(2x\sin y + 3x^2 y)\mathrm{d}x + (x^3 + x^2\cos y + y^2)\mathrm{d}y = 0$ 的通解为 _____.

13. 曲线 L 的极坐标方程为 $r = \mathrm{e}^\theta\,(0 \leqslant \theta \leqslant \pi)$, L 上与直线 $x + y = 1$ 垂直的切线方程是 _____.

14. $\displaystyle\int_1^3 \frac{\mathrm{d}x}{\sqrt{(x-1)(3-x)}} = $ _____.

15. 设 $u(x,y) = \displaystyle\int_0^1 f(t)\,|xy - t|\,\mathrm{d}t$, 其中 $f(t)$ 在 $[0,1]$ 上连续, $0 \leqslant x \leqslant 1, 0 \leqslant y \leqslant 1$, 则 $\dfrac{\partial^2 u}{\partial x^2} = $ _____.

16. 在区间 $(0,1)$ 内任意取两个实数 X, Y, 则方程 $t^2 + Xt + Y = 0$ 无实根的概率为 _____.

17.(本题满分 10 分)

将函数 $f(x) = x(\pi - x)$ 在 $[0, \pi]$ 上展开成 Fourier 余弦级数,并由此推出

$$\sum_{n=1}^{\infty} \frac{(-1)^{n-1}}{n^2} = \frac{\pi^2}{12}.$$

18.(本题满分 12 分)

设 $f(x) = \dfrac{1}{1 - x - x^2}$,求证:$\displaystyle\sum_{n=0}^{\infty} \frac{n!}{f^{(n)}(0)}$ 收敛.

19.（本题满分 12 分）

设 $f''(x)$ 在 $[a,b]$ 上连续，$f(a)=f(b)=0$，求证：

(1) $\left| f(x) \dfrac{b-a}{(x-a)(x-b)} \right| \leqslant \displaystyle\int_a^b |f''(x)| \, \mathrm{d}x$；

(2) $\displaystyle\max_{a \leqslant x \leqslant b} |f(x)| \dfrac{4}{b-a} \leqslant \int_a^b |f''(x)| \, \mathrm{d}x$.

20.（本题满分 12 分）

计算曲线$(x^2+y^2)^2=2a^2(x^2-y^2)$，$x^2+y^2 \geqslant a^2$ 所围成的面积，其中 a 为正常数.

21.（本题满分 12 分）

设总体 $X \sim U[0, \theta]$，从此总体中独立地抽取容量分别为 n 和 m 的样本 $X_1, X_2, \cdots,$ X_n 和 $Y_1, Y_2, \cdots, Y_m$.

（1）设 $Z_n = \max(X_1, X_2, \cdots, X_n)$，$Z_m = \max(Y_1, Y_2, \cdots, Y_m)$，求 $U = \dfrac{Z_m}{Z_n}$ 的密度函数；

（2）把 $X_1, X_2, \cdots, X_n$ 从小到大排列：$X_{(1)} \leqslant X_{(2)} \leqslant \cdots \leqslant X_{(n)}$，求 $X_{(k)}$ 及 $X_{(k)} - X_{(k-1)}$ 的密度函数.

22.（本题满分 12 分）

已知 $\boldsymbol{A} = \begin{pmatrix} a & b & c \\ -3 & 3 & -1 \\ -15 & 8 & -6 \end{pmatrix}$ 与 $\boldsymbol{B} = \begin{pmatrix} 1 & 0 & 2 \\ 0 & 2 & 0 \\ 0 & 4 & -1 \end{pmatrix}$ 相似，求 a,b,c 以及可逆矩阵 $\boldsymbol{P}$，使得

$\boldsymbol{P}^{-1}\boldsymbol{A}\boldsymbol{P} = \boldsymbol{B}$.

数学模拟试题五

一、选择题：1～10小题，每小题5分，共50分.下列每题给出的四个选项中，只有一个选项是最符合题目要求的.

1. 设 $f(x) = \begin{cases} 2(x-1), & x < 1 \\ \ln x, & x \geqslant 1 \end{cases}$，则 $f(x)$ 的一个原函数是（　　）.

A. $F(x) = \begin{cases} (x-1)^2, & x < 1 \\ x(\ln x + 1), & x \geqslant 1 \end{cases}$.　　　　B. $F(x) = \begin{cases} (x-1)^2, & x < 1 \\ x(\ln x + 1) - 1, & x \geqslant 1 \end{cases}$.

C. $F(x) = \begin{cases} (x-1)^2, & x < 1 \\ x(\ln x + 1) + 1, & x \geqslant 1 \end{cases}$.　　　　D. $F(x) = \begin{cases} (x-1)^2, & x < 1 \\ x(\ln x - 1) + 1, & x \geqslant 1 \end{cases}$.

2. $\lim\limits_{n \to \infty} \sum\limits_{j=1}^{n} \sum\limits_{i=1}^{n} \dfrac{n}{(n+i)(n^2+j^2)}$ 等于（　　）.

A. $\displaystyle\int_0^1 \mathrm{d}x \int_0^x \dfrac{1}{(1+x)(1+y)} \mathrm{d}y$.　　　　B. $\displaystyle\int_0^1 \mathrm{d}x \int_0^1 \dfrac{1}{(1+x)(1+y)} \mathrm{d}y$.

C. $\displaystyle\int_0^1 \mathrm{d}x \int_0^x \dfrac{1}{(1+x)(1+y^2)} \mathrm{d}y$.　　　　D. $\displaystyle\int_0^1 \mathrm{d}x \int_0^1 \dfrac{1}{(1+x)(1+y^2)} \mathrm{d}y$.

3. 已知 $f(x) = \begin{cases} \sin x, & 0 \leqslant x \leqslant \pi \\ 2, & \pi < x < 2\pi \end{cases}$，$F(x) = \displaystyle\int_0^x f(t)\mathrm{d}t$，则（　　）.

A. $x = \pi$ 是 $F(x)$ 的跳跃间断点.　　　　B. $x = \pi$ 是 $F(x)$ 的可去间断点.

C. $F(x)$ 在 $x = \pi$ 处连续，但不可导.　　　　D. $F(x)$ 在 $x = \pi$ 处可导.

4. 设 a, b, c 是常数，$\sum\limits_{n=1}^{\infty} \left[\dfrac{2n^2 + an + 2}{(2n+1)(n+b)} - b + \sin \dfrac{1}{n} - c\ln\left(1 - \dfrac{1}{n}\right) \right]$ 收敛的充要条件是（　　）.

A. $a + c = 1$.　　　　B. $a = 3, b = 1, c = -1$.

C. $a + 2c = 1, b = 1$　　　　D. $a = 3, b = 0, c = -1$.

5. 设 n 阶方阵 $\boldsymbol{A}$ 有 n 个不同的实特征值，$\boldsymbol{B}$ 为另一个 n 阶方阵，且 $\boldsymbol{AB} = \boldsymbol{BA}$，则下列说法：

①B 相似于对角阵;②存在可逆矩阵 P,使得 $P^{-1}AP$,$P^{-1}BP$ 都为对角阵;③A 的秩为 $(n-1)$ 或 n;④在已知条件不变情况下,再假设 A,B 均为正定阵,则 AB 也是正定阵.

正确的个数是(　　　).

A. 2 个.　　　　　　B. 3 个.　　　　　　C. 4 个.　　　　　　D. 1 个.

6. 设 $\boldsymbol{\alpha}_1$,$\boldsymbol{\alpha}_2$,$\boldsymbol{\alpha}_3$,$\boldsymbol{\alpha}_4$ 均是四维非零向量,$A=(\boldsymbol{\alpha}_1,\boldsymbol{\alpha}_2,\boldsymbol{\alpha}_3,\boldsymbol{\alpha}_4)$,且 $AX=\boldsymbol{0}$ 的基础解系为 $k(1,0,1,0)^{\mathrm{T}}$,其中 k 为任意常数,则下列向量组:

①$\boldsymbol{\alpha}_1$,$\boldsymbol{\alpha}_2$,$\boldsymbol{\alpha}_3$.②$\boldsymbol{\alpha}_1+\boldsymbol{\alpha}_2$,$\boldsymbol{\alpha}_2+\boldsymbol{\alpha}_4$,$\boldsymbol{\alpha}_4+\boldsymbol{\alpha}_1$.③$\boldsymbol{\alpha}_1+\boldsymbol{\alpha}_2$,$\boldsymbol{\alpha}_2+\boldsymbol{\alpha}_3$,$\boldsymbol{\alpha}_3+\boldsymbol{\alpha}_4$,$\boldsymbol{\alpha}_4+\boldsymbol{\alpha}_1$.
④$\boldsymbol{\alpha}_2$,$\boldsymbol{\alpha}_3$,$\boldsymbol{\alpha}_4$.⑤$\boldsymbol{\alpha}_1$,$\boldsymbol{\alpha}_2$,$\boldsymbol{\alpha}_4$.

可作为 $A^*X=\boldsymbol{0}$ 基础解系的向量组的个数为(　　　).

A. 1 个.　　　　　　B. 2 个.　　　　　　C. 3 个.　　　　　　D. 4 个.

7. 设 $A=\begin{pmatrix}0 & 0 & 1 \\ 1 & 0 & -1 \\ 0 & 1 & 1\end{pmatrix}$,$f(x)=x+1$,则 A^{100},$[f(A)]^{-1}$ 分别为(　　　).

A. A,$\dfrac{1}{4}(A^2-2A+3E)$.

B. E,$\begin{pmatrix} \dfrac{3}{4} & \dfrac{1}{4} & -\dfrac{1}{4} \\[2mm] -\dfrac{1}{2} & \dfrac{1}{2} & \dfrac{1}{2} \\[2mm] \dfrac{1}{4} & -\dfrac{1}{4} & \dfrac{1}{4} \end{pmatrix}$.

C. $2A$,$\dfrac{1}{4}(A^2-2A+3E)$.

D. $2E$,$\begin{pmatrix} \dfrac{3}{4} & \dfrac{1}{4} & -\dfrac{1}{4} \\[2mm] -\dfrac{1}{2} & \dfrac{1}{2} & \dfrac{1}{2} \\[2mm] \dfrac{1}{4} & -\dfrac{1}{4} & \dfrac{1}{4} \end{pmatrix}$.

8. 设 $X\sim U\left[-\dfrac{1}{2},\dfrac{1}{2}\right]$,令 $Y=g(X)=\begin{cases}0, & X\leqslant 0 \\ \ln X, & X>0\end{cases}$,则 Y 在 $(-\infty,+\infty)$ 中的分

布函数 $F_Y(y)$(　　　).

A. 为连续函数.　　　　　　　　　B. 只有一个间断点.

C. 恰有两个间断点.　　　　　　　D. 恰有三个间断点.

9. 下列命题:

① 若 A 与 B 独立,C 与 B 独立,则 A 与 C 也独立.

② 若 A 与 B 独立,$C \subset A$,$D \subset B$,则 C,D 独立.

③ 若 A,B,C 相互独立,则 $A \bigcup B,AB,A-B$ 都与 C 独立.

④ 若 A,B,C 相互独立,则 $A,B,A \bigcup B$ 相互独立的充要条件是 $P(A \bigcup B)=1$.

正确的个数为(　　).

A. 1 个.　　　　　B. 2 个.　　　　　C. 3 个.　　　　　D. 4 个.

10. X_1,X_2 独立,分别服从参数为 λ_1,λ_2 的泊松分布,则 $P(X_1=k \mid X_1+X_2=n)$ $(k=0,1,2,\cdots,n)$ 服从(　　).

A. $B(n,p)$,$p=\dfrac{\lambda_1}{\lambda_1+\lambda_2}$.　　　　　B. $B(n,p)$,$p=\dfrac{\lambda_2}{\lambda_1+\lambda_2}$.

C. 参数为 $\lambda=\dfrac{\lambda_1}{\lambda_2+\lambda_2}$ 的泊松分布.　　　D. 参数 $\lambda=\dfrac{\lambda_2}{\lambda_1+\lambda_2}$ 的泊松分布.

二、填空题:11 ~ 16 小题,每小题 5 分,共 30 分.

11. $\lim\limits_{x \to 0} \left(\dfrac{\cos x}{\cos(2x)}\right)^{\frac{2}{x^2}} = $ _____.

12. 由 $x^3+y^3=3axy(a>0)$ 围成的图形在第一象限部分的面积 $S = $ _____.

13. 设连续函数 $f(x)$ 满足 $\int_0^1 f(x)\mathrm{d}x = a$,令 $\varphi(t)=\int_0^{\frac{1}{t}} \left[\int_0^{t^2} f(x+y-1)\mathrm{d}x\right]\mathrm{d}y$,则 $\varphi'(1) = $ _____.

14. 由 $z=0$,椭圆柱面 $\dfrac{x^2}{a^2}+\dfrac{y^2}{b^2}=1$,椭圆抛物面 $\dfrac{2z}{c}=\dfrac{x^2}{p^2}+\dfrac{y^2}{q^2}$($a,b,c,p,q$ 均为正数)所围立体的体积 $V = $ _____.

15. 计算行列式 $D = \begin{vmatrix} 9 & 5 & 0 & 0 & \cdots & 0 & 0 \\ 4 & 9 & 5 & 0 & \cdots & 0 & 0 \\ 0 & 4 & 9 & 5 & \cdots & 0 & 0 \\ \vdots & \vdots & \vdots & \vdots & & \vdots & \vdots \\ 0 & 0 & 0 & 0 & \cdots & 4 & 9 \end{vmatrix} = $ _____.

16. X 的密度函数为 $f(x)=A\mathrm{e}^{-\frac{1}{2}x^2+Bx}$($-\infty<x<+\infty$),且 $E(X)=D(X)$,则 $E(X\mathrm{e}^{-2X}) = $ _____.

三、解答题:17 ～ 22 小题,共 70 分.解答应写出文字说明、证明过程或演算步骤.

17.(本题满分 10 分)

设有级数 $\sum\limits_{n=2}^{\infty} \dfrac{(-a)^n + b^n}{n(n-1)}(x+1)^n \ (0 < a < b < 1)$.

(1)求此级数的收敛域;

(2)求此级数的和函数.

18.(本题满分 12 分)

(1)计算三重积分 $I = \iiint\limits_{\Omega} y\sqrt{16-z^2}\,\mathrm{d}V$,其中 Ω 是由 $z = y^2$,$z = 2y^2\ (y > 0)$,$z = x$,$z = 2x$ 和 $z = 4$ 围成的闭区域.

(2)求由 $\begin{cases} \dfrac{x^2}{12} + \dfrac{y^2}{36} = 2z \\[2mm] \dfrac{x^2}{6} + \dfrac{y^2}{12} = 2(2-z) \end{cases}$ 所围立体的体积.

19.（本题满分 12 分）

设函数 $f(x)$ 满足 $f(0)=f(1)=0$，$f(x)$ 在 $(0,1)$ 上恒为正，$f''(x)$ 在 $[0,1]$ 上连续，证明存在 $a,b(0<a<b<1)$，使得 $\int_a^b \left| \frac{f''(x)}{f(x)} \right| \mathrm{d}x = 4$.

20.（本题满分 12 分）

计算 $I = \iint\limits_{\Sigma} \dfrac{1}{\rho} \mathrm{d}S$，其中 S 为 $\dfrac{x^2}{a^2} + \dfrac{y^2}{b^2} + \dfrac{z^2}{c^2} = 1$ 的外表面，ρ 为椭球中心与椭球表面的元素 dS 相切的平面之间的距离.

21. （本题满分 12 分）

一个系统由四个独立元件组成,如图所示,每一个元件的正常工作时间 X_1, X_2, X_3, X_4 均服从参数 $\lambda = \dfrac{1}{\theta}$ 的指数分布,求系统工作时间 T 的分布及 $E(T), D(T)$.

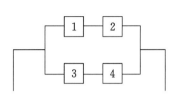

22.（本题满分 12 分）

已知 $\pmb{A}$ 是 n 阶实对称可逆矩阵，$\lambda_1,\lambda_2,\cdots,\lambda_n$ 为其特征值，其中正特征值个数为 p，求

二次型 $f=\pmb{X}^{\mathrm{T}}\pmb{B}\pmb{X}=\pmb{X}^{\mathrm{T}}\begin{pmatrix}\pmb{O}&\pmb{A}\\\pmb{A}&\pmb{O}\end{pmatrix}\pmb{X}$ 的标准型及正负惯性指数，其中 $\pmb{B}=\begin{pmatrix}\pmb{O}&\pmb{A}\\\pmb{A}&\pmb{O}\end{pmatrix}$，$\pmb{X}=(x_1,$

$x_2,\cdots,x_{2n})^{\mathrm{T}}$.

数学模拟试题六

一、选择题：1～10 小题，每小题 5 分，共 50 分．下列每题给出的四个选项中，只有一个选项是最符合题目要求的．

1. 设 $f(x)$ 在 $x=0$ 处连续且 $\lim\limits_{x \to 0} \dfrac{xf(x)+\ln(1-2x)}{x^2}=4$，则 $f'(0)=(\qquad)$．

   A. 2.　　　　　　 B. 4.　　　　　　 C. 6.　　　　　　 D. 8.

2. 设 $f(x)=\lim\limits_{n \to \infty} \sqrt[n]{1+|x|^{3n}}$，$x \in (-\infty,+\infty)$，则 $f(x)(\qquad)$．

   A. 处处可导.　　　　　　　　　　　 B. 恰有一个不可导点.

   C. 恰有两个不可导点.　　　　　　　 D. 恰有三个不可导点.

3. 设函数 $f(x)$ 有连续的二阶导数，其导函数 $f'(x)$ 的图形如下，令函数 $y=f(x)$ 的驻点个数为 l，极值点个数为 m，曲线 $y=f(x)$ 的拐点个数为 n，则$(\qquad)$．

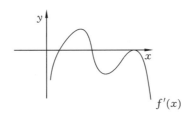

   A. $l=m=n=3$.　　　　　　　　　　 B. $l=m=n=2$.

   C. $l=3,m=2,n=1$.　　　　　　　　 D. $l=3,m=2,n=3$.

4. $y=(x-1)(x-2)^2(x-3)^3(x-4)^4$ 的极值点个数及拐点个数分别为$(\qquad)$．

   A. 2，3.　　　　　　　　　　　　　　 B. 3，4.

   C. 4，5.　　　　　　　　　　　　　　 D. 5，6.

5. 设 $\boldsymbol{A}=\begin{pmatrix} 1 & 2 & -3 \\ -1 & 4 & -3 \\ 1 & a & 5 \end{pmatrix}$ 有一个二重特征值，则 $\boldsymbol{A}$ 不能相似于一个对角形的充要条件是$(\qquad)$．

   A. $a=-2$ 或 $a=-\dfrac{2}{3}$.　　　　　　 B. $a=-2$.

   C. $a=-\dfrac{2}{3}$.　　　　　　　　　　　 D. $a \neq -2$ 且 $a \neq -\dfrac{2}{3}$.

6. 二次曲面 $yz+xz-xy=1$ 为( ).

    A. 椭球面.   B. 单叶双曲面.

    C. 双叶双曲面.   D. 锥面.

7. 设 A 为 n 阶矩阵,对于两个齐次线性方程组(Ⅰ)$A^nX=0$ 和(Ⅱ)$A^{n+1}X=0$ 必有( ).

    A. (Ⅱ)的解必是(Ⅰ)的解,(Ⅰ)的解也是(Ⅱ)的解.

    B. (Ⅰ)的解必是(Ⅱ)的解,但(Ⅱ)的解不是(Ⅰ)的解.

    C. (Ⅱ)的解必是(Ⅰ)的解,(Ⅰ)的解不是(Ⅱ)的解.

    D. (Ⅰ)的解不是(Ⅱ)的解,(Ⅱ)的解也不是(Ⅰ)的解.

8. 设 X,Y 都服从 $N(\mu,\sigma^2)$,$P(\max(X,Y)>\mu)=\alpha(0<\alpha<1)$,则 $P(\min(X,Y)\leqslant\mu)$ 等于( ).

    A. $\dfrac{3}{4}$.   B. $\dfrac{1}{4}$.

    C. α.   D. $1-\alpha$.

9. 设随机变量 $X_1,X_2,\cdots,X_n(n\geqslant2)$ 独立同分布且方差有限,$\overline{X}=\dfrac{1}{n}\sum\limits_{i=1}^{n}X_i$,则 $X_i-\overline{X},X_j-\overline{X}(i\neq j)$ 的相关系数为( ).

    A. $\dfrac{1}{n}$.   B. $-\dfrac{1}{n}$.

    C. $\dfrac{1}{n-1}$.   D. $-\dfrac{1}{n-1}$.

10. 设一批零件的长度服从正态分布 $N(\mu,\sigma^2)$,其中 μ,σ^2 均未知,先从中随机抽取 n^2 个零件,测得样本均值 $\overline{X}=a$ cm(a 为均值),样本标准差 $S=1$ cm,则 μ 的置信度为 0.9 的置信区间是( ).

    A. $\left(a-\dfrac{1}{n}t_{0.05}(n^2),a+\dfrac{1}{n}t_{0.05}(n^2)\right)$.

    B. $\left(a-\dfrac{1}{n}t_{0.1}(n^2),a+\dfrac{1}{n}t_{0.1}(n^2)\right)$.

    C. $\left(a-\dfrac{1}{n}t_{0.05}(n^2-1),a+\dfrac{1}{n}t_{0.05}(n^2-1)\right)$.

    D. $\left(a-\dfrac{1}{n}t_{0.1}(n^2-1),a+\dfrac{1}{n}t_{0.1}(n^2-1)\right)$.

二、填空题：11 ~ 16 小题，每小题 5 分，共 30 分.

11. 设方程 $\begin{cases} x = e^{t-1} + t - 2 \\ y = e^{t^2} + \sin(\pi t) \end{cases}$ 确定了函数 $y = f(x)$，则 $\lim\limits_{n \to \infty} n \left[f\left(\dfrac{2}{n}\right) - f\left(-\dfrac{1}{n}\right) \right]$

$= \underline{\qquad\qquad}$.

12. 设 $y = y(x)$ 是初值问题 $\begin{cases} y'' + 2y' + y = e^{-x} \\ y(0) = a, y'(0) = b \end{cases}$ 的解，则 $\displaystyle\int_0^{+\infty} xy' \, \mathrm{d}x$

$= \underline{\qquad\qquad}$.

13. $\lim\limits_{n \to \infty} \left(\dfrac{n+1}{\sqrt{n^2 + 1^2}} + \dfrac{n + \frac{1}{2}}{\sqrt{n^2 + 2^2}} + \cdots + \dfrac{n + \frac{1}{n}}{\sqrt{n^2 + n^2}} \right) \cdot \sin \dfrac{1}{n} = \underline{\qquad\qquad}$.

14. 已知 $\vec{A} = 2x^3 yz\vec{i} - x^2 y^2 z\vec{j} - x^2 yz^2\vec{k}$，则 $\mathbf{div}\vec{A}$ 在点 $M(1,1,2)$ 处沿方向 $l = (2, 2, -1)$ 的方向导数为 $\underline{\qquad\qquad}$.

15. 已知随机变量 X 在 $(1,2)$ 上服从均匀分布，在 $X = x$ 条件下 Y 服从参数为 x 的指数分布，则 $E(XY^2) = \underline{\qquad\qquad}$.

16. 设 $\mathbf{A}, \mathbf{B}$ 都是三阶矩阵，将 $\mathbf{A}$ 中第一行的 2 倍加至第二行得 $\mathbf{A}_1$，把 $\mathbf{B}$ 中第 2 列乘以 -1 得到 $\mathbf{B}_1$，如果 $\mathbf{A}_1 \mathbf{B}_1 = \begin{pmatrix} 1 & 0 & 0 \\ 4 & -2 & 0 \\ 3 & -3 & 3 \end{pmatrix}$，则 $\mathbf{AB} = \underline{\qquad\qquad}$.

三、解答题：17 ~ 22 小题，共 70 分.解答应写出文字说明、证明过程或演算步骤.

17. （本题满分 10 分）

设 $0 < x < \dfrac{\pi}{2}$，证明 $\dfrac{x(\pi - x)}{\pi} < \sin x < \dfrac{x(\pi - x)}{2}$.

18.（本题满分 12 分）

设 a 为常数,讨论方程 $x^2 = a\mathrm{e}^x$ 根的个数以及每个根的范围.

19.（本题满分 12 分）

设 $a_n > 0, \dfrac{a_{n+1}}{a_n} \leqslant 1 - \dfrac{p}{n}$，其中 p 为大于 1 的常数，证明：$\displaystyle\sum_{n=1}^{\infty} a_n$ 收敛.

20.（本题满分 12 分）

计算 $I = \iint\limits_{\Sigma} \dfrac{\cos(\vec{r}, \vec{n})}{r^2} \mathrm{d}S$，其中 Σ 是不过 $P_0(x_0, y_0, z_0)$ 的任一简单闭曲面，$\vec{n}$ 是 Σ 的

外法向量，$\vec{r} = (x - x_0, y - y_0, z - z_0)$，$r = |\vec{r}|$.

21. （本题满分 12 分）

已知 $f_X(x) = \begin{cases} x\,e^{-x}, & x > 0 \\ 0, & x \leqslant 0 \end{cases}$，在 $X = x$ 的条件下，Y 服从 $(0, x)$ 上的均匀分布.

(1) 求 (X, Y) 的联合概率密度 $f(x, y)$，X 与 Y 是否独立？为什么？

(2) 计算 $P\left(X + Y < 1 \mid X > \dfrac{1}{2}\right)$，$P\left(Y < \dfrac{1}{4} \mid X = \dfrac{1}{2}\right)$.

(3) 求 $Z = X - Y$ 的概率密度.

22.（本题满分 12 分）

已知 $\boldsymbol{\alpha}_1 = (1, -1, 1)^{\mathrm{T}}, \boldsymbol{\alpha}_2 = (1, t, -1)^{\mathrm{T}}, \boldsymbol{\alpha}_3 = (t, 1, 2)^{\mathrm{T}}, \boldsymbol{\beta} = (4, t^2, -4)^{\mathrm{T}}.$

（1）当 t 为何值时，$\boldsymbol{\beta}$ 可由 $\boldsymbol{\alpha}_1, \boldsymbol{\alpha}_2, \boldsymbol{\alpha}_3$ 线性表示，且表示法不唯一？

（2）当 t 为何值时，$\boldsymbol{\beta}$ 可由 $\boldsymbol{\alpha}_1, \boldsymbol{\alpha}_2, \boldsymbol{\alpha}_3$ 线性表示，且表示法唯一？

（3）当 t 为何值时，$\boldsymbol{\beta}$ 不能由 $\boldsymbol{\alpha}_1, \boldsymbol{\alpha}_2, \boldsymbol{\alpha}_3$ 线性表示？

数学模拟试题七

一、选择题:1～10 小题,每小题 5 分,共 50 分.下列每题给出的四个选项中,只有一个选项是最符合题目要求的.

1. $M = \int_{-1}^{1} \left[\frac{\sin x}{1+x^2} + \ln(1+x^2) + 1 \right] \mathrm{d}x$,$N = \int_{-1}^{1} (\sin x^3 + x^2 + 1) \mathrm{d}x$,$P = \int_{-1}^{1} (x \cos x + \mathrm{e}^{x^2}) \mathrm{d}x$,则有( ).

   A. $N < P < M$.   B. $M < P < N$.

   C. $N < M < P$.   D. $M < N < P$.

2. 已知 $y = y(x)$ 在任一点 x 处的增量 $\Delta y = \frac{y^2 \Delta x}{\sqrt{1-x^2}} + o(\Delta x)$,且 $y(0) = \frac{1}{\pi}$,则 $y(1) =$( ).

   A. $\frac{2}{\pi}$.   B. $\frac{\pi}{2}$.   C. $\frac{1}{\pi}$.   D. $\frac{4}{\pi}$.

3. 设 $I = \lim\limits_{x \to 0} \dfrac{\mathrm{e}^{2x} - 1}{\int_{x}^{1} \frac{\sin xy}{y} \mathrm{d}y}$,则 $I =$( ).

   A. 1.   B. -1.   C. 2.   D. -2.

4. 级数 $\sum\limits_{n=1}^{\infty} \dfrac{3^n + (-2)^n}{n} (x+1)^n$ 的收敛域是( ).

   A. $\left(-\frac{4}{3}, -\frac{2}{3} \right)$.   B. $\left(-\frac{4}{3}, -\frac{2}{3} \right]$.

   C. $\left[-\frac{4}{3}, -\frac{2}{3} \right)$.   D. $\left[-\frac{4}{3}, -\frac{2}{3} \right]$.

5. 设 A 为 3 阶可逆矩阵,A^* 为 A 的伴随矩阵,则( ).

   A. $(A^*)^* = |A|^2 A$.   B. $(A^*)^* = |A|^4 A$.

   C. $(A^*)^* = |A|^5 A$.   D. $(A^*)^* = |A| A$.

6. n 阶矩阵 A 经过初等行变换化为 B,下面结论错误的是( ).

   A. A 与 B 等价.   B. $AX = 0$ 与 $BX = 0$ 同解.

   C. A 与 B 的特征值相同.   D. A 的行向量组与 B 的行向量组等价.

7. $A = \begin{pmatrix} 1 & 1 & 1 & 1 \\ 1 & 1 & 1 & 1 \\ 1 & 1 & 1 & 1 \\ 1 & 1 & 1 & 1 \end{pmatrix}$, $B = \begin{pmatrix} 4 & 0 & 0 & 0 \\ 1 & 0 & 0 & 0 \\ 2 & 0 & 0 & 0 \\ 3 & 0 & 0 & 0 \end{pmatrix}$, 则( ).

A. A 只能相似于对称阵, B 只能相似于非对称阵.

B. A 只能相似于对称阵,但 B 可以相似于对称阵.

C. A, B 都可以相似于对称阵,但 A 与 B 不相似.

D. A 与 B 相似.

8. 设随机变量 X_1, X_2 同分布,都服从 $\begin{pmatrix} -1 & 0 & 1 \\ \frac{1}{4} & \frac{1}{2} & \frac{1}{4} \end{pmatrix}$, 且满足 $P(X_1 X_2 = 0) = 1$, 则 $P(X_1 = X_2) = ($).

A. 0.   B. $\frac{1}{4}$.

C. $\frac{1}{2}$.   D. 1.

9. 设总体 X 服从分布 $N(\mu, 4)$, 由它的一个容量为 25 的样本测得其样本均值 $\overline{X} = 10$, 现以 0.05 的显著性水平进行假设检验,则以下假设中将被拒绝接受的一个是( ). ($\Phi(1.96) = 0.975$)

A. $H_0 : \mu = 9$.   B. $H_0 : \mu = 9.5$.

C. $H_0 : \mu = 10$.   D. $H_0 : \mu = 10.5$.

10. 设随机变量 $F \sim F(n, n)$, 如果 $P\{F > x\} = 0.05$, 则 $P\left\{\frac{1}{x} < F < x\right\} = ($).

A. 0.95.   B. 0.90.   C. 0.975.   D. 0.80.

二、填空题:11 ~ 16 小题,每小题 5 分,共 30 分.

11. $f(x) = \dfrac{1}{1 + 2x + 4x^2}$, 则 $f^{(100)}(0) = $ _____.

12. C 为曲线 $y = \sin x$ 从点 $O(0, 0)$ 到 $(\pi, 0)$ 的一段,则 $\displaystyle\int_C \frac{xy}{2 - y^2} dx = $ _____.

13. 曲面 $x^2 + 4y^2 + z^2 = 36$ 上的某切平面平行于平面 $x + y - z - 3 = 0$, 则此切平面为 _____.

14. 若函数 $f(x)$ 在 $(-\infty, +\infty)$ 上连续且恒正, a 为常数,则极限 $\displaystyle\lim_{n \to \infty} \left[\prod_{k=1}^{n} f\left(\frac{ak}{n}\right)\right]^{\frac{a}{n}} = $ _____.

15. 设二维随机变量 (X, Y) 的联合密度函数 $f(x, y) = \begin{cases} x e^{-(y+1)x}, & x > 0, y > 0 \\ 0, & \text{其他} \end{cases}$，则条件密度函数 $f_{X|Y}(x \mid y) = \underline{\hspace{3cm}}$.

16. 已知二次型 $f(x_1, x_2, x_3) = x_1^2 + x_2^2 + 5x_3^2 + 2tx_1x_2 - 2x_1x_3 + 4x_2x_3$ 是正定二次型，则 t 的取值范围是 $\underline{\hspace{3cm}}$.

三、解答题： 17 ~ 22 小题，共 70 分．解答应写出文字说明、证明过程或演算步骤．

17.（本题满分 10 分）

求面密度为 1 的均匀锥面 $\Sigma : z = \dfrac{b}{a}\sqrt{x^2 + y^2}$ $(0 \leqslant z \leqslant b, a > 0, b > 0)$ 对直线 L：$\begin{cases} y = 0 \\ z = b \end{cases}$ 的转动惯量.

18. （本题满分 12 分）

设一块曲面 S 的边界是光滑闭曲线 C，函数 $M(x,y,z)$ 及其偏导数在曲面 S 及 C 上连续.

（1）证明：$\oint_C M(x,y,z)\,\mathrm{d}y = \iint_S \frac{\partial M}{\partial x}\,\mathrm{d}x\,\mathrm{d}y - \frac{\partial M}{\partial z}\,\mathrm{d}y\,\mathrm{d}z$，其中曲面 S 的侧与曲线 C 的正向满足右手法则；

（2）假定闭曲线 C 的方程为 $\begin{cases} x^2+y^2+z^2=1 \\ y=z \end{cases}$，其中 C 的方向与 z 轴正向满足右手法则，试计算曲线积分 $\oint_C xyz\,\mathrm{d}y$.

19.（本题满分 12 分）

把 $f(x) = \dfrac{\arcsin x}{\sqrt{1-x^2}}$ 展开成 x 的幂级数,并求出收敛域.

20.（本题满分 12 分）

设 $f(x) = \begin{cases} \dfrac{\pi-1}{2}x, & 0 \leqslant x \leqslant 1 \\[3mm] \dfrac{\pi-x}{2}, & 1 < x \leqslant \pi \end{cases}$，将 $f(x)$ 展开成周期为 2π 的正弦函数，并求

$\displaystyle\sum_{n=1}^{\infty} \dfrac{\sin^2 n}{n^2}$.

21.（本题满分 12 分）

设 $f(x_1, x_2, x_3) = 6x_1x_2 - 6x_1x_3 - 6x_2x_3 + 6x_3^2$，

$g(y_1, y_2, y_3) = -2y_1y_2 - 2y_1y_3 + 6y_2y_3 + 8y_2^2 - 2y_3^2$.

(1) 证明：存在一个正交线性替换把 $f(x_1, x_2, x_3)$ 变成 $g(y_1, y_2, y_3)$；

(2) 写出以上线性替换的具体步骤，并求出替换.

22.（本题满分 12 分）

设连续型二维随机变量 (X,Y) 在以 $O(0,0),A(0,4),B(3,4),C(6,0)$ 为顶点的梯形 D 内服从均匀分布.

（1）求 (X,Y) 的联合密度函数及 X,Y 的边缘密度函数；

（2）求 Y 关于 X 的条件密度 $f_{Y|X}(y \mid x)$；

（3）求 X 与 Y 的协方差.

数学模拟试题八

一、选择题：1～10 小题，每小题 5 分，共 50 分.下列每题给出的四个选项中，只有一个选项是最符合题目要求的.

1. 设 $f(x)=x-a\,(0\leqslant x\leqslant 2a)$，则以 $2a$ 为周期的 Fourier 级数在 $x=-\dfrac{a}{2}$ 处收敛于（　　）.

   A. $-\dfrac{a}{2}$.　　　　　　　　　　　　B. $-\dfrac{3}{2}a$.

   C. $\dfrac{a}{2}$.　　　　　　　　　　　　D. $\dfrac{3}{2}a$.

2. 设 Σ 是柱面 $x^2+y^2=R^2\,(0\leqslant z\leqslant R)$ 的外侧，则 $\displaystyle\iint\limits_{\Sigma}(x^2+y^2)\mathrm{d}x\,\mathrm{d}y$ 的值为（　　）.

   A. $2\pi R^3$.　　　　　B. $2\pi R^4$.　　　　　C. πR^4.　　　　　D. 0.

3. 设级数 $\displaystyle\sum_{n=1}^{\infty}a_n$ 收敛，则下列结论中正确的是（　　）.

   A. 级数 $\displaystyle\sum_{n=1}^{\infty}a_n^2$ 收敛.　　　　　　　　B. 级数 $\displaystyle\sum_{n=1}^{\infty}\sqrt[n]{n}\,a_n$ 收敛.

   C. 级数 $\displaystyle\sum_{n=1}^{\infty}\dfrac{(-1)^n}{\sqrt{n}}a_n$ 收敛.　　　　D. 级数 $\displaystyle\sum_{n=1}^{\infty}\dfrac{a_n}{n}$ 绝对收敛.

4. 设 L 是从起点 $A(-a,0)$ 沿着曲线 $\dfrac{x^2}{a^2}+\dfrac{y^2}{b^2}=1$ 从 x 轴上方到终点 $B(a,0)$ 的一段路径，则曲线积分 $\displaystyle\int_{L}\dfrac{-y\mathrm{d}x+x\mathrm{d}y}{x^2+y^2}$ 的值（　　）.

   A. 恒为 $-\pi$.　　　　　　　　　　B. 恒为 0.

   C. 恒为 π.　　　　　　　　　　　D. 与曲线 L 有关.

5. 下列矩阵与 $\begin{pmatrix}1&1&0\\0&1&1\\0&0&1\end{pmatrix}$ 相似的为（　　）.

A. $\begin{pmatrix} 1 & 1 & -1 \\ 0 & 1 & 1 \\ 0 & 0 & 1 \end{pmatrix}$.

B. $\begin{pmatrix} 1 & 0 & -1 \\ 0 & 1 & 1 \\ 0 & 0 & 1 \end{pmatrix}$.

C. $\begin{pmatrix} 1 & 1 & -1 \\ 0 & 1 & 0 \\ 0 & 0 & 1 \end{pmatrix}$.

D. $\begin{pmatrix} 1 & 0 & -1 \\ 0 & 1 & 0 \\ 0 & 0 & 1 \end{pmatrix}$.

6. 方程 $\begin{vmatrix} x+a_1 & a_2 & a_3 & \cdots & a_n \\ a_1 & x+a_2 & a_3 & \cdots & a_n \\ \vdots & \vdots & \vdots & & \vdots \\ a_1 & a_2 & a_3 & \cdots & x+a_n \end{vmatrix} = 0 (a_1+a_2+\cdots+a_n \neq 0, n \geqslant 2)$，共有

（　）个不同实根.

A. 1. 　　　　B. 2. 　　　　C. $(n-1)$. 　　　　D. n.

7. 二次型 $f(x_1,x_2,x_3)=(x_1+x_2)^2+(x_2+x_3)^2-(x_3-x_1)^2$ 的正惯性指数与负惯性指数依次为（　）.

A. 2,0. 　　　　B. 1,1. 　　　　C. 2,1. 　　　　D. 1,2.

8. 设随机变量 X 的概率密度为 $f(x)$ 满足 $f(1+x)=f(1-x)$，且 $\int_0^2 f(x)\mathrm{d}x=0.6$，则 $P(X<0)=$（　）.

A. 0.2. 　　　　B. 0.3. 　　　　C. 0.4. 　　　　D. 0.5.

9. 设 X,Y 相互独立，且都服从 $N(0,1)$，则（　）.

A. $P(X+Y \geqslant 0)=\dfrac{1}{4}$.

B. $P(X-Y \geqslant 0)=\dfrac{1}{4}$.

C. $P(\max(X,Y) \geqslant 0)=\dfrac{1}{4}$.

D. $P(\min(X,Y) \geqslant 0)=\dfrac{1}{4}$.

10. 设 $(X_1,Y_1),(X_2,Y_2),\cdots,(X_n,Y_n)$ 为来自总体 $N(\mu_1,\mu_2,\sigma_1^2,\sigma_2^2,\rho)$ 的简单随机样本，令 $\theta=\mu_1-\mu_2,\overline{X}=\dfrac{1}{n}\sum\limits_{i=1}^n X_i,\overline{Y}=\dfrac{1}{n}\sum\limits_{i=1}^n Y_i,\hat{\theta}=\overline{X}-\overline{Y}$，则（　）.

A. $\hat{\theta}$ 不是 θ 的无偏估计，$D(\hat{\theta})=\dfrac{\sigma_1^2+\sigma_2^2}{n}$.

B. $\hat{\theta}$ 是 θ 的无偏估计，$D(\hat{\theta})=\dfrac{\sigma_1^2+\sigma_2^2}{n}$.

C. $\hat{\theta}$ 是 θ 的无偏估计，$D(\hat{\theta})=\dfrac{\sigma_1^2+\sigma_2^2-2\rho\sigma_1\sigma_2}{n}$.

D. $\hat{\theta}$ 不是 θ 的无偏估计，$D(\hat{\theta})=\dfrac{\sigma_1^2+\sigma_2^2-2\rho\sigma_1\sigma_2}{n}$.

二、**填空题**:11 ~ 16 小题,每小题 5 分,共 30 分.

11. $\displaystyle\int_0^{\frac{\pi}{2}} \frac{\mathrm{d}x}{1+(\tan x)^{\sqrt{3}}} =$ _____.

12. $\displaystyle\int_{\frac{1}{4}}^{\frac{1}{2}} \mathrm{d}y \int_{\frac{1}{2}}^{\sqrt{y}} \mathrm{e}^{\frac{y}{x}} \mathrm{d}x + \int_{\frac{1}{2}}^{1} \mathrm{d}y \int_{y}^{\sqrt{y}} \mathrm{e}^{\frac{y}{x}} \mathrm{d}x =$ _____.

13. 设 $f(x,y) = \begin{cases} (x^2+y^2)^{-1}[1-\mathrm{e}^{-x(x^2+y^2)}], & (x,y) \neq (0,0) \\ 0, & (x,y) = (0,0) \end{cases}$,则 $\left.\dfrac{\partial^2 f}{\partial x \partial y}\right|_{(0,0)}$ 及

$\left.\dfrac{\partial^4 f}{\partial x^4}\right|_{(0,0)}$ 分别为 _____,_____.

14. 设 L 为 $\begin{cases} x^2+y^2+z^2 = a^2 \\ x+y+z = 0 \end{cases}$ $(a > 0)$,且从 x 轴正向看 L 为逆时针方向,则积分

$\displaystyle\oint_L (y-z)\mathrm{d}x + (z-x)\mathrm{d}y + (x-y)\mathrm{d}z =$ _____.

15. 设 $X_1, X_2, \cdots, X_n$ 独立同分布,均服从 $[0,1]$ 上的均匀分布,令 $Y_n = \left(\prod\limits_{i=1}^{n} X_i\right)^{\frac{1}{n}}$,

则 Y_n 依概率收敛于 _____.

16. $\begin{pmatrix} 1 & 2 & 1 \\ 2 & 4 & 2 \\ 3 & 6 & 3 \end{pmatrix}^{100} =$ _____.

三、**解答题**:17 ~ 22 小题,共 70 分.解答应写出文字说明、证明过程或演算步骤.

17. (本题满分 10 分)

计算 $\lim\limits_{x \to 0}\left(\dfrac{1}{\ln(1+x^2)} - \dfrac{1}{\sin x^2}\right)$.

18.（本题满分 12 分）

设 $f(x)$ 及 $g(x)$ 都是在 $[a,b]$ 上单调递增的连续函数，并且都不是常数，证明：

$$(b-a)\int_a^b f(x)g(x)\mathrm{d}x > \int_a^b f(x)\mathrm{d}x \cdot \int_a^b g(x)\mathrm{d}x.$$

19. (本题满分 12 分)

设一质点从静止开始运动,经过一单位时间走了一单位距离后停了下来,证明:在运动中的某一时刻加速度大小大于或等于 4.

20.（本题满分 12 分）

设 $z = f(x, y)$ 的二阶偏导数连续，令 $x = r\cos\theta, y = r\sin\theta$ 为坐标变换.

（1）若 $f(x, y)$ 满足方程 $x\dfrac{\partial z}{\partial x} + y\dfrac{\partial z}{\partial y} = 0$，求 $z = f(x, y)$ 的表达式形式，若 $f(x, y)$ 满足 $\dfrac{1}{x}\dfrac{\partial z}{\partial x} = \dfrac{1}{y}\dfrac{\partial z}{\partial y}$，求 $z = f(x, y)$ 的表达式形式；

（2）试用 $\dfrac{\partial z}{\partial r}, \dfrac{\partial z}{\partial \theta}, \dfrac{\partial^2 z}{\partial r^2}, \dfrac{\partial^2 z}{\partial \theta^2}$ 给出 $\dfrac{\partial^2 z}{\partial x^2} + \dfrac{\partial^2 z}{\partial y^2}$ 的具体表达式 $(r \neq 0)$.

21. (本题满分 12 分)

(1) A, B 都是 n 阶实对称矩阵, 且 A 是正定矩阵, 证明: 必有可逆矩阵 P, 使 $P^\mathrm{T}AP$, $P^\mathrm{T}BP$ 同为对角矩阵;

(2) 求一坐标变换 $X = PY_1$, 把二次型 $f = 2x_1^2 - 2x_1x_2 + 5x_2^2 - 4x_1x_3 + 4x_3^2$ 和 $g = \dfrac{3}{2}x_1^2 - 2x_1x_3 + 3x_2^2 - 4x_2x_3 + 2x_3^2$ 同时分别化简为 $y_1^2 + y_2^2 + y_3^2$ 和 $\lambda_1 y_1^2 + \lambda_2 y_2^2 + \lambda_3 y_3^2$.

22.（本题满分 12 分）

设 X，Y 相互独立，都服从 $N(0, \sigma^2)$.

（1）当 $\sigma = 1$ 时，求 $Z = X^2 + Y^2$ 的密度函数，指出 Z 服从什么分布；

（2）求 $T = \dfrac{Y}{X}$ 的密度函数，指出 T 服从什么分布.

数学模拟试题一参考答案

一、选择题:1 ~ 10 小题,每小题 5 分,共 50 分.下列每题给出的四个选项中,只有一个选项是最符合题目要求的.

1. 选 D

【解】 若正项级数 $\sum_{n=1}^{\infty} a_n$ 收敛且 $\lim_{n \to \infty} \frac{a_{n+1}}{a_n} = l$ 存在,则 $l \leqslant 1$

如 $a_n = \frac{1}{n^2}$,$\lim_{n \to \infty} \frac{a_{n+1}}{a_n} = l = 1$.

2. 选 B

【解】 $\frac{\partial f}{\partial x} = y e^{-x^2 y^2}$,$\frac{\partial f}{\partial y} = x e^{-x^2 y^2}$,$\frac{\partial^2 f}{\partial x^2} = -2xy^3 e^{-x^2 y^2}$,$\frac{\partial^2 f}{\partial y^2} = -2yx^3 e^{-x^2 y^2}$,$\frac{\partial^2 f}{\partial x \partial y} =$ $e^{-x^2 y^2}(1 - 2x^2 y^2)$

故 $\frac{x}{y} \frac{\partial^2 f}{\partial x^2} - 2 \frac{\partial^2 f}{\partial x \partial y} + \frac{y}{x} \frac{\partial^2 f}{\partial y^2} = -2x^2 y^2 e^{-x^2 y^2} - 2 e^{-x^2 y^2}(1 - 2x^2 y^2) - 2y^2 x^2 e^{-x^2 y^2}$

$$= -2 e^{-x^2 y^2}.$$

3. 选 D

【解】 $x = 0$ 为可去间断点,则当且仅当 $\lim_{x \to 0} f(x)$ 存在

若 $b \neq -1$:$x + b\sin x \sim (b+1)x \Rightarrow \lim_{x \to 0} f(x) = \frac{a-1}{b+1}$,符合题意,此时 a 为任意实数

若 $b = -1$:$x + b\sin x = x - \sin x \sim \frac{1}{6} x^3$

当 $\begin{cases} a = 1 : ax - \ln(1+x) \sim \frac{1}{2} x^2 \Rightarrow \lim_{x \to 0} f(x) = \infty \\ a \neq 1 : ax - \ln(1+x) \sim (a-1)x \Rightarrow \lim_{x \to 0} f(x) = \infty \end{cases}$

综上所述,当 $b \neq -1$,a 为任意实数时,$x = 0$ 为 $f(x)$ 的可去间断点.

4. 选 B

【解】 $\lim_{\substack{x \to 0 \\ y \to 0}} \frac{f(x,y)}{x^2 + y^2} = \lim_{\substack{x \to 0 \\ y \to 0}} \frac{\frac{f(x,y)}{\sqrt{x^2 + y^2}}}{\sqrt{x^2 + y^2}}$ 存在 $\Rightarrow \lim_{\substack{x \to 0 \\ y \to 0}} \frac{f(x,y)}{\sqrt{x^2 + y^2}} = 0 \Rightarrow f(x,y)$ 在 $(0,0)$ 处可微.选 B,其他选项都不正确.

5. 选 D

【解】 $(a\boldsymbol{\alpha}_1+b\boldsymbol{\alpha}_4,a\boldsymbol{\alpha}_2+b\boldsymbol{\alpha}_3,a\boldsymbol{\alpha}_3+b\boldsymbol{\alpha}_2,a\boldsymbol{\alpha}_4+b\boldsymbol{\alpha}_1)=(\boldsymbol{\alpha}_1,\boldsymbol{\alpha}_2,\boldsymbol{\alpha}_3,\boldsymbol{\alpha}_4)\begin{pmatrix} a & 0 & 0 & b \\ 0 & a & b & 0 \\ 0 & b & a & 0 \\ b & 0 & 0 & a \end{pmatrix}$

$a\boldsymbol{\alpha}_1+b\boldsymbol{\alpha}_4,a\boldsymbol{\alpha}_2+b\boldsymbol{\alpha}_3,a\boldsymbol{\alpha}_3+b\boldsymbol{\alpha}_2,a\boldsymbol{\alpha}_4+b\boldsymbol{\alpha}_1$ 线性无关,当且仅当行列式

$\begin{vmatrix} a & 0 & 0 & b \\ 0 & a & b & 0 \\ 0 & b & a & 0 \\ b & 0 & 0 & a \end{vmatrix}=(a^2-b^2)^2\neq 0.$

6. 选 C

【解】 $\boldsymbol{A},\boldsymbol{B}$ 分别按行、列分块,即 $\boldsymbol{A}^{\mathrm{T}}=(\boldsymbol{\alpha}_1,\boldsymbol{\alpha}_2,\cdots,\boldsymbol{\alpha}_m),\boldsymbol{B}=(\boldsymbol{\beta}_1,\boldsymbol{\beta}_2,\cdots,\boldsymbol{\beta}_{n-m})$

由 $\boldsymbol{AB}=\boldsymbol{O}$ 知,向量组(Ⅰ)$\boldsymbol{\alpha}_1,\boldsymbol{\alpha}_2,\cdots,\boldsymbol{\alpha}_m$ 与(Ⅱ)$\boldsymbol{\beta}_1,\boldsymbol{\beta}_2,\cdots,\boldsymbol{\beta}_{n-m}$ 正交

且 $r(\boldsymbol{A})=r(Ⅰ)=m,r(\boldsymbol{B})=r(Ⅱ)=n-m,\boldsymbol{A\eta}=\boldsymbol{0}$

$\Rightarrow\boldsymbol{\eta}$ 可由 $\boldsymbol{\beta}_1,\boldsymbol{\beta}_2,\cdots,\boldsymbol{\beta}_{n-m}$ 线性表示,即 $\boldsymbol{BX}=\boldsymbol{\eta}$ 有解

又 $r(\boldsymbol{B})=n-m$

所以 $\boldsymbol{BX}=\boldsymbol{\eta}$ 有唯一解.

7. 选 C

【解】 利用"若 $\boldsymbol{P}$ 的列线性无关,$\boldsymbol{Q}$ 的行线性无关,则对任意 $\boldsymbol{A}$,恒有 $r(\boldsymbol{A})=r(\boldsymbol{PA})=r(\boldsymbol{AQ})=r(\boldsymbol{PAQ})$"$\Rightarrow$A,B 正确

又 $\because$ 齐次线性方程组 $\boldsymbol{AA}^{\mathrm{T}}\boldsymbol{X}=\boldsymbol{O},\boldsymbol{A}^{\mathrm{T}}\boldsymbol{X}=\boldsymbol{O}$ 同解,$\boldsymbol{CAA}^{\mathrm{T}}=\boldsymbol{BAA}^{\mathrm{T}}\Leftrightarrow\boldsymbol{AA}^{\mathrm{T}}\boldsymbol{C}^{\mathrm{T}}=\boldsymbol{AA}^{\mathrm{T}}\boldsymbol{B}^{\mathrm{T}}$

$\Leftrightarrow\boldsymbol{AA}^{\mathrm{T}}(\boldsymbol{C}^{\mathrm{T}}-\boldsymbol{B}^{\mathrm{T}})=\boldsymbol{O}$,即 $\boldsymbol{X}=\boldsymbol{C}^{\mathrm{T}}-\boldsymbol{B}^{\mathrm{T}}$ 为 $\boldsymbol{AA}^{\mathrm{T}}\boldsymbol{X}=\boldsymbol{O}$ 的解

$\Rightarrow\boldsymbol{A}^{\mathrm{T}}\boldsymbol{X}=\boldsymbol{A}^{\mathrm{T}}(\boldsymbol{C}^{\mathrm{T}}-\boldsymbol{B}^{\mathrm{T}})=\boldsymbol{O}$

$\therefore\boldsymbol{CA}=\boldsymbol{BA}$,D 正确

对于 C,结论错误,事实上 $\boldsymbol{AB}=\boldsymbol{E}$,则 $\boldsymbol{A}$ 的行、$\boldsymbol{B}$ 的列都线性无关

一方面 $m=r(\boldsymbol{E})=r(\boldsymbol{AB})\leqslant r(\boldsymbol{A})$,同理,$m\leqslant r(\boldsymbol{B})$

另一方面 $r(\boldsymbol{A}_{m\times n})\leqslant m$,同理,$r(\boldsymbol{B}_{n\times m})\leqslant m$

因此 $r(\boldsymbol{A}_{m\times n})=m,r(\boldsymbol{B}_{n\times m})=m.$

8. 选 D

【解】 X 的边缘密度为 $f_X(x)=\int_{-\infty}^{+\infty}f(x,y)\mathrm{d}y=\begin{cases} \int_0^{2x}2xy\mathrm{d}y=4x^3, & 0<x<1 \\ 0, & \text{其他} \end{cases}$

在 $X=\dfrac{1}{2}$ 条件下 Y 的密度函数为 $f_{Y|X}\left(y\,\bigg|\,\dfrac{1}{2}\right)=\begin{cases}\dfrac{f\left(\dfrac{1}{2},y\right)}{f_X\left(\dfrac{1}{2}\right)}=2y, & 0<y<1\\[2mm] 0, & \text{其他}\end{cases}$

所以 $P\left(Y\leqslant\dfrac{2}{3}\,\bigg|\,X=\dfrac{1}{2}\right)=\displaystyle\int_0^{\frac{2}{3}}2y\,\mathrm{d}y=\dfrac{4}{9}$

设 $A=\left\{X\leqslant\dfrac{1}{2}\right\}$，$B=\left\{Y\leqslant\dfrac{1}{2}\right\}$

$P(A)=P\left(X\leqslant\dfrac{1}{2}\right)=\displaystyle\int_0^{\frac{1}{2}}x\,\mathrm{d}x\int_0^{2x}2y\,\mathrm{d}y=\int_0^{\frac{1}{2}}4x^3\,\mathrm{d}x=\dfrac{1}{16}$

$P(B)=P\left(Y\leqslant\dfrac{1}{2}\right)=\displaystyle\int_0^{\frac{1}{2}}y\,\mathrm{d}y\int_{\frac{y}{2}}^1 2x\,\mathrm{d}x=\int_0^{\frac{1}{2}}\left(y-\dfrac{y^3}{4}\right)\mathrm{d}y=\dfrac{1}{8}-\dfrac{1}{256}$

$P(AB)=P\left(X\leqslant\dfrac{1}{2},Y\leqslant\dfrac{1}{2}\right)=\displaystyle\int_0^{\frac{1}{2}}y\,\mathrm{d}y\int_{\frac{y}{2}}^{\frac{1}{2}}2x\,\mathrm{d}x=\dfrac{1}{32}-\dfrac{1}{256}$

故 $P(A\bigcup B)=P(A)+P(B)-P(AB)=\dfrac{5}{32}$

或 $P(A\bigcup B)=1-P(\overline{A\bigcup B})=1-P(\overline{AB})=1-P\left(X\geqslant\dfrac{1}{2},Y\geqslant\dfrac{1}{2}\right)=1-\displaystyle\int_{\frac{1}{2}}^1 x\,\mathrm{d}x\int_{\frac{1}{2}}^{2x}2y\,\mathrm{d}y=\dfrac{5}{32}.$

9. 选 B

【解】(X,Y) 服从三项分布，其概率分布为

$$P(X=k_1,Y=k_2)=\frac{n!}{k_1!\,k_2!\,(n-k_1-k_2)!}\,p_1^{k_1}\,p_2^{k_2}\,(1-p_1-p_2)^{n-k_1-k_2}$$

其中 $0\leqslant k_1,k_2\leqslant n,0\leqslant k_1+k_2\leqslant n,k_1,k_2$ 均为自然数且 $X\sim B(n,p_1)$，$Y\sim(n,p_2)$

$\mathrm{Cov}(X,Y)=-np_1p_2,D(X)=np_1(1-p_1),D(Y)=np_2(1-p_2)$

故 $\rho_{XY}=\dfrac{\mathrm{Cov}(X,Y)}{\sqrt{D(X)}\sqrt{D(Y)}}=-\left[\dfrac{p_1p_2}{(1-p_1)(1-p_2)}\right]^{\frac{1}{2}}.$

10. 选 C

【解】$X\sim N(0,\sigma^2)$，$\dfrac{S_1^2}{\sigma^2}=\dfrac{\displaystyle\sum_{i=1}^n(X_i-\overline{X})^2}{\sigma^2}\sim\chi^2(n-1)$，$\overline{X}\sim N\left(0,\dfrac{\sigma^2}{n}\right)$，$\dfrac{\sqrt{n}\,\overline{X}}{\sigma}\sim N(0,1)$

且 $\overline{X}$ 与 S_1^2 独立 $\Rightarrow\dfrac{\dfrac{\sqrt{n}\,\overline{X}}{\sigma}}{\sqrt{\dfrac{\dfrac{S_1^2}{\sigma^2}}{n-1}}}=\dfrac{\sqrt{n(n-1)}\,\overline{X}}{S_1}\sim t(n-1).$

二、填空题:11～16小题,每小题5分,共30分.

11. -6

【解】 $u=u(x,y,z)$ 在 $P_0(-1,-3,5)$ 处的梯度为

$$\mathbf{grad}u\big|_{P_0}=\left\{\frac{\partial u}{\partial x},\frac{\partial u}{\partial y},\frac{\partial u}{\partial z}\right\}\bigg|_{P_0}=\{2,4,-4\},\text{梯度方向为}\left\{\frac{1}{3},\frac{2}{3},-\frac{2}{3}\right\}$$

故 $u=u(x,y,z)$ 在 P_0 处沿着方向 $\left\{-\frac{1}{3},-\frac{2}{3},\frac{2}{3}\right\}$ 的方向导数为最小,且最小值为 $-\left|\mathbf{grad}u\right|_{P_0}\big|=-6.$

12. $y^{(4)}-2y^{(3)}+2y^{(2)}=0$

【解】 $y_1=\mathrm{e}^x\sin x$, $y_3=\mathrm{e}^x\cos x$ 及 $y_2=x\mathrm{e}^{0\cdot x}=x$, $y_4=\mathrm{e}^{0\cdot x}=1$ 都必为某常系数线性齐次方程的特解

对应的特征根 $\lambda_{1,2}=1\pm\mathrm{i}$, $\lambda_{3,4}=0$(二重特征根)

特征方程为 $\lambda^4-2\lambda^3+2\lambda^2=0$,故对应的方程为: $y^{(4)}-2y^{(3)}+2y^{(2)}=0.$

13. $-\frac{3}{32}\pi$

【解】 $r=\sqrt{\cos(2\theta)}$ 为双扭线,如图所示

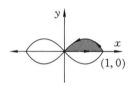

补充 $L_1:y=0$(x 从 0 至 1 的直线段)

由格林公式

$$\int_L y^3\mathrm{d}x+(1-x^3)\mathrm{d}y=\oint_{L+L_1}y^3\mathrm{d}x+(1-x^3)\mathrm{d}y-\int_{L_1}y^3\mathrm{d}x+(1-x^3)\mathrm{d}y$$

$$=\iint_D(-3x^2-3y^2)\mathrm{d}x\mathrm{d}y-0$$

$$=-3\int_0^{\frac{\pi}{4}}\mathrm{d}\theta\int_0^{\sqrt{\cos(2\theta)}}r^3\mathrm{d}r$$

$$=-\frac{3}{4}\int_0^{\frac{\pi}{4}}\cos^2(2\theta)\mathrm{d}\theta=-\frac{3}{32}\pi.$$

14. $\frac{3}{4}$

【解】 $\lim_{n\to\infty}\left(\arctan\frac{1}{n}\right)^{\frac{4}{3}}(1+\sqrt[3]{2}+\sqrt[3]{3}+\cdots+\sqrt[3]{n})=\lim_{n\to\infty}\frac{1}{n}\sum_{k=1}^n\sqrt[3]{\frac{k}{n}}=\int_0^1\sqrt[3]{x}\,\mathrm{d}x$

$$=\frac{3}{4}.$$

15. 19

【解】 $AX_1 = 0, AX_2 = 0, X_1 = \begin{pmatrix} -1 \\ 2 \\ -1 \end{pmatrix}, X_2 = \begin{pmatrix} 0 \\ -1 \\ 1 \end{pmatrix}$

$\Rightarrow \lambda_1 = \lambda_2 = 0, X_1, X_2$ 为 $\lambda_1 = \lambda_2 = 0$ 对应的特征向量

$AX_3 = b, X_3 = \begin{pmatrix} 1 \\ 1 \\ 1 \end{pmatrix}, b = \begin{pmatrix} 3 \\ 3 \\ 3 \end{pmatrix} = 3X_3 \Rightarrow \lambda_3 = 3, X_3$ 为 $\lambda_3 = 3$ 对应的特征向量

故 $E + 2A^2$ 的三个特征值为 $1, 1, 19, |E + 2A^2| = 19$.

16. 112

【解】 $f(x) = \begin{cases} \ln 2 \, e^{-x \ln 2}, & x > 0 \\ 0, & x \leqslant 0 \end{cases}$，即 X 为参数 $\lambda = \ln 2$ 的指数分布

$p = P(X > 3) = 1 - P(X \leqslant 3) = 1 - (1 - e^{-3\ln 2}) = \dfrac{1}{8}, q = \dfrac{7}{8}$

Y 的概率分布为

$P(Y = k) = C_{k-1}^1 \left(\dfrac{1}{8}\right)^2 \left(\dfrac{7}{8}\right)^{k-2} = (k-1) \left(\dfrac{1}{8}\right)^2 \left(\dfrac{7}{8}\right)^{k-2}, D(Y) = \dfrac{2q}{p^2} = 112.$

三、解答题:17～22 小题,共70分.解答应写出文字说明、证明过程或演算步骤.

17.

(1)【证法一】

$\lim\limits_{x \to 0} \dfrac{\int_0^x f(t) \mathrm{d}t}{f(0)x} \xlongequal{\text{洛必达法则}} \lim\limits_{x \to 0} \dfrac{f(x)}{f(0)} = \dfrac{f(0)}{f(0)} = 1$

故 $\int_0^x f(t) \mathrm{d}t \sim x f(0)$.

【证法二】 由积分中值定理:$\exists \xi$ 满足 $0 \leqslant \xi \leqslant x$(或 $x \leqslant \xi \leqslant 0$)，$\int_0^x f(t)\mathrm{d}t = x f(\xi)$

$\lim\limits_{x \to 0} \dfrac{\int_0^x f(t) \mathrm{d}t}{x f(0)} = \lim\limits_{x \to 0} \dfrac{f(\xi)}{f(0)} = \dfrac{f(0)}{f(0)} = 1$

故 $\int_0^x f(t) \mathrm{d}t \sim x f(0)$.

(2) $I = \lim\limits_{x \to 0} \dfrac{x f(0) - \int_0^x f(t) \mathrm{d}t}{x f(0) \cdot \int_0^x f(t) \mathrm{d}t} = \lim\limits_{x \to 0} \dfrac{-\int_0^x [f(t) - f(0)] \mathrm{d}t}{x^2 f^2(0)}$

$\xlongequal{\text{洛必达法则}} \lim\limits_{x \to 0} \dfrac{-[f(x) - f(0)]}{2x f^2(0)} \xlongequal{\text{导数定义}} -\dfrac{f'(0)}{2f^2(0)}.$

(3) $\dfrac{\displaystyle\int_0^x f(t)\mathrm{d}t}{x}=f(\xi)\Leftrightarrow\dfrac{\displaystyle\int_0^x f(t)\mathrm{d}t-xf(0)}{x^2}=\dfrac{f(\xi)-f(0)}{\xi}\cdot\dfrac{\xi}{x}$

而 $\lim\limits_{x\to 0}\dfrac{\displaystyle\int_0^x f(t)\mathrm{d}t-xf(0)}{x^2}=\lim\limits_{x\to 0}\dfrac{f(x)-f(0)}{2x}=\dfrac{1}{2}f'(0),$

$\lim\limits_{x\to 0}\dfrac{f(\xi)-f(0)}{\xi-0}=f'(0)(x\to 0,\text{则}\ \xi\to 0)$

$\dfrac{\displaystyle\int_0^x f(t)\mathrm{d}t-xf(0)}{x^2}=\dfrac{f(\xi)-f(0)}{\xi-0}\cdot\dfrac{\xi}{x}$，左右两边同时令 $x\to 0$，得 $\lim\limits_{x\to 0}\dfrac{\xi}{x}=\dfrac{1}{2}.$

18.【解】 $P=\dfrac{x-y}{x^2+y^2},Q=\dfrac{x+y}{x^2+y^2},\dfrac{\partial P}{\partial y}=\dfrac{y^2-x^2-2xy}{(x^2+y^2)^2}=\dfrac{\partial Q}{\partial x}$，如图所示

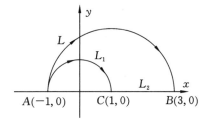

记 L_1 为从 $A(-1,0)$ 沿 $y=\sqrt{1-x^2}$ 至 $C(1,0)$ 的曲线，L_2 为从 $C(1,0)$ 沿 x 轴至 B 的曲线

$$I=\int_{L_1}P\mathrm{d}x+Q\mathrm{d}y+\int_{L_2}P\mathrm{d}x+Q\mathrm{d}y=\int_{L_1}(x-y)\mathrm{d}x+(x+y)\mathrm{d}y+\int_1^3\dfrac{1}{x}\mathrm{d}x$$

$$=\int_\pi^0[(\cos t-\sin t)(-\sin t)+(\cos t+\sin t)\cos t]\mathrm{d}t+\ln 3=-\pi+\ln 3.$$

19.（1）【证法一】

$$\Delta=\int_a^b f^2(x)\mathrm{d}x\cdot\int_a^b g^2(x)\mathrm{d}x-\left(\int_a^b f(x)g(x)\mathrm{d}x\right)\left(\int_a^b f(x)g(x)\mathrm{d}x\right)$$

$$=\dfrac{1}{2}\iint\limits_D[f^2(x)g^2(y)+f^2(y)g^2(x)-2f(x)f(y)g(x)g(y)]\mathrm{d}x\mathrm{d}y$$

$$=\dfrac{1}{2}\iint\limits_D[f(x)g(y)-f(y)g(x)]^2\mathrm{d}x\mathrm{d}y\geqslant 0,\text{其中 }D:a\leqslant x,y\leqslant b.$$

【证法二】

构造函数 $F(t)=\displaystyle\int_a^t f^2(x)\mathrm{d}x\cdot\int_a^t g^2(x)\mathrm{d}x-\left(\int_a^t f(x)g(x)\mathrm{d}x\right)^2$，其中 $a\leqslant t\leqslant b$

$$F'(t)=\int_a^t[f^2(t)g^2(x)+f^2(x)g^2(t)-2f(t)g(t)f(x)g(x)]\mathrm{d}x$$

$$=\int_a^t[f(t)g(x)-g(t)f(x)]^2\mathrm{d}x\geqslant 0$$

$\Rightarrow F(t)$ 单调递增

又 $a \leqslant b$,故 $F(b) \geqslant F(a) = 0$.

【证法三】

$$f^2(x) \int_a^b g^2(x) \mathrm{d}x + g^2(x) \int_a^b f^2(x) \mathrm{d}x \geqslant 2f(x)g(x) \sqrt{\int_a^b f^2(x) \mathrm{d}x \cdot \int_a^b g^2(x) \mathrm{d}x}$$

两边取 $[a,b]$ 上的定积分,整理得 $\int_a^b f^2(x) \mathrm{d}x \cdot \int_a^b g^2(x) \mathrm{d}x \geqslant \left(\int_a^b f(x)g(x) \mathrm{d}x \right)^2$

且等号成立,当且仅当 $f^2(x) \int_a^b g^2(x) \mathrm{d}x = g^2(x) \int_a^b f^2(x) \mathrm{d}x$ 时

即 $f(x) = kg(x), k = \pm \sqrt{\dfrac{\int_a^b f^2(x) \mathrm{d}x}{\int_a^b g^2(x) \mathrm{d}x}}$.

(2) 利用(1)中的柯西积分不等式

$$\int_a^b \left(x \sqrt{f(x)} \right)^2 \mathrm{d}x \cdot \int_a^b \left(\sqrt{f(x)} \right)^2 \mathrm{d}x \geqslant \left(\int_a^b x f(x) \mathrm{d}x \right)^2,\ 又 \int_a^b f(x) \mathrm{d}x = 1$$

即得 $\int_a^b x^2 f(x) \mathrm{d}x \geqslant \left(\int_a^b x f(x) \mathrm{d}x \right)^2$

且由于 $\dfrac{x \sqrt{f(x)}}{\sqrt{f(x)}} = x$ 不为常数,等号不成立

$$\int_a^b x^2 f(x) \mathrm{d}x > \left(\int_a^b x f(x) \mathrm{d}x \right)^2$$

所以 $\left(\int_a^b x f(x) \mathrm{d}x \right)^2 < \int_a^b x^2 f(x) \mathrm{d}x$.

20. (1)**【证法一】**

$y^3 + xy = 8, xy = 8 - y^3, \mathrm{d}(y^3 + xy) = \mathrm{d}(8) = 0$

$\Leftrightarrow 3y^2 \mathrm{d}y + x \mathrm{d}y + y \mathrm{d}x = 0 \Leftrightarrow y \mathrm{d}x = -(x + 3y^2) \mathrm{d}y$

$y^2 \mathrm{d}x = -(xy + 3y^3) \mathrm{d}y = -(8 - y^3 + 3y^3) \mathrm{d}y$,即 $y^2 \mathrm{d}x = -2(y^3 + 4) \mathrm{d}y$.

【证法二】

在 $y^3 + xy = 8$ 两边同时对 x 求导,得 $3y^2 y' + y + xy' = 0$

$\Rightarrow y' = \dfrac{\mathrm{d}y}{\mathrm{d}x} = \dfrac{-y}{3y^2 + x} = -\dfrac{y^2}{3y^3 + xy} = -\dfrac{y^2}{2y^3 + 8}$

故 $y^2 \mathrm{d}x = -2(y^3 + 4) \mathrm{d}y$.

(2) $\int_0^7 y^2 \mathrm{d}x = \int_2^1 -2(y^3 + 4) \mathrm{d}y = 2 \int_1^2 (y^3 + 4) \mathrm{d}y = \dfrac{31}{2}$.

21.**【解法一】**

A, B 都是实对称矩阵,设 A, B 的特征多项式分别为 $f_A(\lambda), f_B(\lambda)$

$$f_A(\lambda) = |\lambda E - A| = \begin{vmatrix} \lambda-2 & 2 & 0 \\ 2 & \lambda-1 & 2 \\ 0 & 2 & \lambda \end{vmatrix} = (\lambda-2)\begin{vmatrix} \lambda-1 & 2 \\ 2 & \lambda \end{vmatrix} - 2\begin{vmatrix} 2 & 0 \\ 2 & \lambda \end{vmatrix}$$

$$= \lambda^3 - 3\lambda^2 - 6\lambda + 8 = 0$$

对应的特征值 $\lambda_1 = 1, \lambda_2 = -2, \lambda_3 = 4$

$$f_B(\lambda) = |\lambda E - B| = \begin{vmatrix} \lambda-1 & 2 & 2 \\ 2 & \lambda-2 & 0 \\ 2 & 0 & \lambda \end{vmatrix} = 2\begin{vmatrix} 2 & 2 \\ \lambda-2 & 0 \end{vmatrix} + \lambda\begin{vmatrix} \lambda-1 & 2 \\ 2 & \lambda-2 \end{vmatrix}$$

$$= \lambda^3 - 3\lambda^2 - 6\lambda + 8 = 0$$

对应的特征值也为 $\lambda_1 = 1, \lambda_2 = -2, \lambda_3 = 4$

两个实对称阵 A, B 相似的充要条件是 $f_A(\lambda) = f_B(\lambda)$

所以 A, B 相似.

当 $\lambda_1 = 1$ 时：

$$(E-A)X = \begin{pmatrix} -1 & 2 & 0 \\ 2 & 0 & 2 \\ 0 & 2 & 1 \end{pmatrix}\begin{pmatrix} x_1 \\ x_2 \\ x_3 \end{pmatrix} = 0 \Leftrightarrow \begin{cases} x_1 = 2x_2 \\ x_1 + x_3 = 0 \\ 2x_2 + x_3 = 0 \end{cases}, \boldsymbol{\alpha}_1 = \begin{pmatrix} 2 \\ 1 \\ -2 \end{pmatrix}$$

当 $\lambda_2 = -2$ 时：

$$(-2E-A)X = 0 \Leftrightarrow \begin{pmatrix} -4 & 2 & 0 \\ 2 & -3 & 2 \\ 0 & 2 & -2 \end{pmatrix}\begin{pmatrix} x_1 \\ x_2 \\ x_3 \end{pmatrix} = 0 \Leftrightarrow \begin{cases} x_2 = 2x_1 \\ 2x_1 - 3x_2 + 2x_3 = 0 \\ x_2 = x_3 \end{cases}, \boldsymbol{\alpha}_2 = \begin{pmatrix} 1 \\ 2 \\ 2 \end{pmatrix}$$

当 $\lambda_3 = 4$ 时：

$$(4E-A)X = 0 \Leftrightarrow \begin{pmatrix} 2 & 2 & 0 \\ 2 & 3 & 2 \\ 0 & 2 & 4 \end{pmatrix}\begin{pmatrix} x_1 \\ x_2 \\ x_3 \end{pmatrix} = 0 \Leftrightarrow \begin{cases} x_1 + x_2 = 0 \\ 2x_1 + 3x_2 + 2x_3 = 0 \\ x_2 + 2x_3 = 0 \end{cases}, \boldsymbol{\alpha}_3 = \begin{pmatrix} 2 \\ -2 \\ 1 \end{pmatrix}$$

所以，$\exists$ 正交阵 $Q_1 = \begin{pmatrix} \dfrac{2}{3} & \dfrac{1}{3} & \dfrac{2}{3} \\ \dfrac{1}{3} & \dfrac{2}{3} & -\dfrac{2}{3} \\ -\dfrac{2}{3} & \dfrac{2}{3} & \dfrac{1}{3} \end{pmatrix}$，使 $Q_1^T A Q_1 = \begin{pmatrix} 1 & 0 & 0 \\ 0 & -2 & 0 \\ 0 & 0 & 4 \end{pmatrix}$

当 $\lambda_1 = 1$ 时：

$$(E-B)X = 0 \Leftrightarrow \begin{pmatrix} 0 & 2 & 2 \\ 2 & -1 & 0 \\ 2 & 0 & 1 \end{pmatrix}\begin{pmatrix} x_1 \\ x_2 \\ x_3 \end{pmatrix} = 0 \Leftrightarrow \begin{cases} x_2 + x_3 = 0 \\ 2x_1 - x_2 = 0 \\ 2x_1 + x_3 = 0 \end{cases}, \boldsymbol{\alpha}_1 = \begin{pmatrix} 1 \\ 2 \\ -2 \end{pmatrix}$$

当 $\lambda_2 = -2$ 时：

$$(-2E-B)X=0 \Leftrightarrow \begin{pmatrix} -3 & 2 & 2 \\ 2 & -4 & 0 \\ 2 & 0 & -2 \end{pmatrix}\begin{pmatrix} x_1 \\ x_2 \\ x_3 \end{pmatrix}=\mathbf{0} \Leftrightarrow$$

$$\begin{cases} -3x_1+2x_2+2x_3=0 \\ x_1=2x_2 \\ x_1=x_3 \end{cases}, \boldsymbol{\alpha}_2=\begin{pmatrix} 2 \\ 1 \\ 2 \end{pmatrix}$$

当 $\lambda_3=4$ 时:

$$(4E-B)X=0 \Leftrightarrow \begin{pmatrix} 3 & 2 & 2 \\ 2 & 2 & 0 \\ 2 & 0 & 4 \end{pmatrix}\begin{pmatrix} x_1 \\ x_2 \\ x_3 \end{pmatrix}=\mathbf{0} \Leftrightarrow \begin{cases} 3x_1+2x_2+2x_3=0 \\ x_1+x_2=0 \\ x_1+2x_3=0 \end{cases}, \boldsymbol{\alpha}_3=\begin{pmatrix} -2 \\ 2 \\ 1 \end{pmatrix}$$

所以 ∃ 正交阵 $Q_2=\begin{pmatrix} \dfrac{1}{3} & \dfrac{2}{3} & -\dfrac{2}{3} \\ \dfrac{2}{3} & \dfrac{1}{3} & \dfrac{2}{3} \\ -\dfrac{2}{3} & \dfrac{2}{3} & \dfrac{1}{3} \end{pmatrix}$, 使 $Q_2^{\mathrm{T}}BQ_2=\begin{pmatrix} 1 & 0 & 0 \\ 0 & -2 & 0 \\ 0 & 0 & 4 \end{pmatrix}$

故 $Q_1^{\mathrm{T}}AQ_1=Q_2^{\mathrm{T}}BQ_2 \Leftrightarrow Q_2Q_1^{\mathrm{T}}AQ_1Q_2^{\mathrm{T}}=B$, 令 $P=Q_1Q_2^{\mathrm{T}}$, 则 $P^{-1}AP=B$

$$P=\begin{pmatrix} \dfrac{2}{3} & \dfrac{1}{3} & \dfrac{2}{3} \\ \dfrac{1}{3} & \dfrac{2}{3} & -\dfrac{2}{3} \\ -\dfrac{2}{3} & \dfrac{2}{3} & \dfrac{1}{3} \end{pmatrix}\begin{pmatrix} \dfrac{1}{3} & \dfrac{2}{3} & -\dfrac{2}{3} \\ \dfrac{2}{3} & \dfrac{1}{3} & \dfrac{2}{3} \\ -\dfrac{2}{3} & \dfrac{2}{3} & \dfrac{1}{3} \end{pmatrix}=\begin{pmatrix} 0 & 1 & 0 \\ 1 & 0 & 0 \\ 0 & 0 & 1 \end{pmatrix}.$$

【解法二】

$$A=\begin{pmatrix} 2 & -2 & 0 \\ -2 & 1 & -2 \\ 0 & -2 & 0 \end{pmatrix} \xrightarrow{\text{交1,2行}} \begin{pmatrix} -2 & 1 & -2 \\ 2 & -2 & 0 \\ 0 & -2 & 0 \end{pmatrix} \xrightarrow{\text{交1,2列}} \begin{pmatrix} 1 & -2 & -2 \\ -2 & 2 & 0 \\ -2 & 0 & 0 \end{pmatrix}=B$$

即 $E^{-1}(1,2)AE(1,2)=B$

故 A 与 B 相似, 且 $P=E(1,2)=\begin{pmatrix} 0 & 1 & 0 \\ 1 & 0 & 0 \\ 0 & 0 & 1 \end{pmatrix}$.

注意: $E^{-1}(1,2)=E(1,2)=E^{\mathrm{T}}(1,2)$.

22.**【解】** (1) 如图所示, 建立坐标系 $B(0,0),C(a,0),A(b,h)$

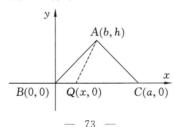

设 Q 点坐标 $(X,0)$，X 在 $[0,a]$ 上服从均匀分布，

密度函数为 $f_X(x) = \begin{cases} \dfrac{1}{a}, & 0 \leqslant x \leqslant a \\ 0, & \text{其他} \end{cases}$

D 点在 $\triangle ABC$ 内服从均匀分布.

对固定的 $Q(x,0) \in BC$，当且仅当 D 点落在 $\triangle ABQ$ 内时 DQ 与 AB 相交，

故所求的概率为 $P = \displaystyle\int_0^a f_X(x) P(D \in \triangle ABQ \mid X = x)\,\mathrm{d}x = \int_0^a \frac{1}{a} \cdot \frac{\frac{1}{2}x \cdot h}{\frac{1}{2}ah}\,\mathrm{d}x = \frac{1}{2}$.

(2) 如图所示，EF 平行于 BC，EF 与 BC 距离为 x，

$\dfrac{EF}{a} = \dfrac{h-x}{h} \Rightarrow EF = \dfrac{a(h-x)}{h}$，$S_{\triangle AEF} = \dfrac{1}{2} EF \cdot (h-x) = \dfrac{1}{2} \dfrac{a}{h}(h-x)^2$

X 的分布函数为 $F(x) = P(X \leqslant x) = \begin{cases} 0, & x < 0 \\ 1 - \left(1 - \dfrac{x}{h}\right)^2, & 0 \leqslant x < h. \\ 1, & x > h \end{cases}$

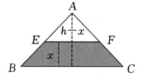

数学模拟试题二参考答案

一、选择题:1～10 小题,每小题 5 分,共 50 分.下列每题给出的四个选项中,只有一个选项是最符合题目要求的.

1. 选 B

【解】
$$\lim_{x \to 0} \frac{x - \sqrt[3]{\sin x^3}}{Ax^k} = -\lim_{x \to 0} \frac{\left(\frac{\sin x^3}{x^3}\right)^{\frac{1}{3}} - 1}{Ax^{k-1}} = -\lim_{x \to 0} \frac{\frac{1}{3}\left(\frac{\sin x^3}{x^3} - 1\right)}{Ax^{k-1}}$$

$$= \lim_{x \to 0} \frac{\frac{1}{3}(x^3 - \sin x^3)}{Ax^{k+2}} = \lim_{x \to 0} \frac{\frac{1}{18}(x^3)^3}{Ax^{k+2}}$$

$$= \lim_{x \to 0} \frac{\frac{1}{18}x^9}{Ax^{k+2}} = 1, A = \frac{1}{18}, k = 7.$$

2. 选 A

【解】
$$\begin{cases} \dfrac{\partial f}{\partial x} = 2x\,\mathrm{e}^{-x^4 - y^2} - 4x^5\,\mathrm{e}^{-x^4 - y^2} = 2x(1 - 2x^4)\,\mathrm{e}^{-x^4 - y^2} = 0 \\ \dfrac{\partial f}{\partial y} = -2x^2 y\,\mathrm{e}^{-x^4 - y^2} = 0 \end{cases}$$
，得驻点 $(0, y)$（y 任意），$\left(\pm\dfrac{1}{\sqrt[4]{2}}, 0\right)$

$f(0, y) = 0$, $f\left(\pm\dfrac{1}{\sqrt[4]{2}}, 0\right) = \dfrac{1}{\sqrt{2\mathrm{e}}}$ 且 $f(x, y) \geqslant 0$, $\lim\limits_{\substack{x \to \infty \\ y \to \infty}} f(x, y) = 0$

故 $z = f(x, y)$ 在整个二维平面上最小值为 0，对应的最小值点有无穷多个，最大值为 $f\left(\pm\dfrac{1}{\sqrt[4]{2}}, 0\right) = \dfrac{1}{\sqrt{2\mathrm{e}}}$

A 正确.

3. 选 D

【解】 由对称性可知,L 关于 x 轴及 y 轴对称,如图所示

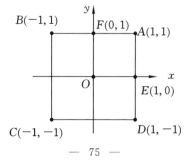

$$\oint_L \frac{x+y+1}{|x|+|y|} \mathrm{d}s = \oint_L \frac{1}{|x|+|y|} \mathrm{d}s = 4 \int_{EA+AF} \frac{1}{x+y} \mathrm{d}s$$

$$= 4 \left[\int_0^1 \frac{1}{1+y} \mathrm{d}y + \int_0^1 \frac{1}{1+x} \mathrm{d}x \right] = 8\ln 2.$$

4. 选 D

【解】 令 $F(x,y,z) = xy - z\ln y + \mathrm{e}^{xz} - 1$，$F_z = -\ln y + x\mathrm{e}^{xz}$，$F_z(0,1,1) = 0$；

$F_y = x - \dfrac{z}{y}$，$F_y(0,1,1) = -1 \neq 0$；$F_x = y + z\mathrm{e}^{xz}$，$F_x(0,1,1) = 2 \neq 0$.

$F_z(0,1,1) = 0$，$F_x(0,1,1) \neq 0$，$F_y(0,1,1) \neq 0$

故在 $(0,1,1)$ 的一个邻域可确定两个具有连续偏导数的隐函数 $x = x(y,z)$ 和 $y = y(x,z)$

选 D.

5. 选 B

【解】 记 $\boldsymbol{B} = \boldsymbol{A} - \boldsymbol{A}^{\mathrm{T}} = \begin{pmatrix} 0 & -1 & 0 & 0 & \cdots & 0 & 0 \\ 1 & 0 & -1 & 0 & \cdots & 0 & 0 \\ 0 & 1 & 0 & -1 & \cdots & 0 & 0 \\ \vdots & \vdots & \vdots & \vdots & & \vdots & \vdots \\ 0 & 0 & 0 & 0 & \cdots & 0 & -1 \\ 0 & 0 & 0 & 0 & \cdots & 1 & 0 \end{pmatrix}$，$|\boldsymbol{B}| = 1 \neq 0$，$\boldsymbol{B}$ 为可逆

矩阵，$r(\boldsymbol{B}) = 2n$，且 $\boldsymbol{B}^{\mathrm{T}} = -\boldsymbol{B}$，$\boldsymbol{B}$ 为反对称阵

$$\begin{pmatrix} \boldsymbol{B} & \boldsymbol{b} \\ \boldsymbol{b}^{\mathrm{T}} & \boldsymbol{O} \end{pmatrix} \xrightarrow[\text{加到第二行}]{\text{第一行左乘} -\boldsymbol{b}^{\mathrm{T}}\boldsymbol{B}^{-1}} \begin{pmatrix} \boldsymbol{B} & \boldsymbol{b} \\ \boldsymbol{O} & -\boldsymbol{b}^{\mathrm{T}}\boldsymbol{B}^{-1}\boldsymbol{b} \end{pmatrix} = \begin{pmatrix} \boldsymbol{B} & \boldsymbol{b} \\ \boldsymbol{O} & \boldsymbol{O} \end{pmatrix} \xrightarrow[\text{加到第二列}]{\text{第一列右乘} -\boldsymbol{B}^{-1}\boldsymbol{b}} \begin{pmatrix} \boldsymbol{B} & \boldsymbol{O} \\ \boldsymbol{O} & \boldsymbol{O} \end{pmatrix}$$

$$\begin{pmatrix} \boldsymbol{E}_{2n} & \boldsymbol{O} \\ -\boldsymbol{b}^{\mathrm{T}}\boldsymbol{B}^{-1} & 1 \end{pmatrix} \begin{pmatrix} \boldsymbol{B} & \boldsymbol{b} \\ \boldsymbol{b}^{\mathrm{T}} & \boldsymbol{O} \end{pmatrix} \begin{pmatrix} \boldsymbol{E}_{2n} & -\boldsymbol{B}^{-1}\boldsymbol{b} \\ \boldsymbol{O} & \boldsymbol{E} \end{pmatrix} = \begin{pmatrix} \boldsymbol{B} & \boldsymbol{O} \\ \boldsymbol{O} & \boldsymbol{O} \end{pmatrix}$$

故 $r \begin{pmatrix} \boldsymbol{B} & \boldsymbol{b} \\ \boldsymbol{b}^{\mathrm{T}} & \boldsymbol{O} \end{pmatrix} = r(\boldsymbol{B}) = 2n$，选 B.

注：① n 阶行列式 $\begin{vmatrix} \alpha+\beta & \alpha\beta & 0 & \cdots & 0 & 0 \\ 1 & \alpha+\beta & \alpha\beta & \cdots & 0 & 0 \\ \vdots & \vdots & \vdots & & \vdots & \vdots \\ \cdots & \cdots & \cdots & \cdots & \alpha+\beta & \alpha\beta \\ \cdots & \cdots & \cdots & \cdots & 1 & \alpha+\beta \end{vmatrix} = \dfrac{\alpha^{n+1} - \beta^{n+1}}{\alpha - \beta}$，

因此 $|\boldsymbol{B}| = 1 (\alpha = 1, \beta = -1, \boldsymbol{B}$ 为 $2n$ 阶$)$.

② 若 $\boldsymbol{B}$ 为反对称阵，则 $\boldsymbol{B}^{-1}$ 也是反对称阵，且 $\boldsymbol{B}$ 为反对称阵，当且仅当 $\forall \boldsymbol{X}$，$\boldsymbol{X}^{\mathrm{T}}\boldsymbol{B}\boldsymbol{X} = \boldsymbol{O}$；

若 $\boldsymbol{B}$ 为奇数阶反对称阵，则 $|\boldsymbol{B}| = 0$；若 $\boldsymbol{B}$ 为实反对称阵，则 $\boldsymbol{B}$ 的特征值为 0 或纯虚数.

6. 选 D

【解】 A 正确,因为若 X_1,X_2 为 A 的两个不同特征值 λ_1,λ_2 对应的特征向量,则对任意的 $c_1\neq 0,c_2\neq 0,c_1 X_1 + c_2 X_2$ 一定不是 A 的特征向量.也就是说,若 $c_1 X_1 + c_2 X_2$ 为 A 的特征向量,则一定有 $c_1=0$ 或 $c_2=0$.

B 正确,因为若 $E+AB$ 可逆,令 $D=E+BA$,$BA=D-E$

$$B(E+AB)=B+(D-E)B=DB$$

故 $B=DB(E+AB)^{-1}$.

$$E=(E+BA)-BA=(E+BA)-DB(E+AB)^{-1}A$$
$$=(E+BA)[E-B(E+AB)^{-1}A]$$

故 $E+BA$ 可逆,且 $(E+BA)^{-1}=E-B(E+AB)^{-1}A$.

C 正确,因为 $(A^{-1})^{\mathrm{T}}AA^{-1}=A^{-1}$.

7. 选 C

【解】 考虑实对称阵

$$\begin{pmatrix} 1 & \boldsymbol{\alpha}^{\mathrm{T}} \\ \boldsymbol{\alpha} & A \end{pmatrix} \xrightarrow[\text{加到第二行块}]{\text{第一行左乘}(-\boldsymbol{\alpha})} \begin{pmatrix} 1 & \boldsymbol{\alpha}^{\mathrm{T}} \\ O & A-\boldsymbol{\alpha}\boldsymbol{\alpha}^{\mathrm{T}} \end{pmatrix} \xrightarrow[\text{加到第二列块}]{\text{第一列右乘}(-\boldsymbol{\alpha}^{\mathrm{T}})} \begin{pmatrix} 1 & O \\ O & A-\boldsymbol{\alpha}\boldsymbol{\alpha}^{\mathrm{T}} \end{pmatrix}$$

即 $\begin{pmatrix} 1 & O \\ -\boldsymbol{\alpha} & E_n \end{pmatrix}\begin{pmatrix} 1 & \boldsymbol{\alpha}^{\mathrm{T}} \\ \boldsymbol{\alpha} & A \end{pmatrix}\begin{pmatrix} 1 & O \\ -\boldsymbol{\alpha} & E_n \end{pmatrix}^{\mathrm{T}}=\begin{pmatrix} 1 & O \\ O & A-\boldsymbol{\alpha}\boldsymbol{\alpha}^{\mathrm{T}} \end{pmatrix}$

另外,

$$\begin{pmatrix} 1 & \boldsymbol{\alpha}^{\mathrm{T}} \\ \boldsymbol{\alpha} & A \end{pmatrix} \xrightarrow[\text{加到第一行块}]{\text{第二行块左乘}(-\boldsymbol{\alpha}^{\mathrm{T}}A^{-1})} \begin{pmatrix} 1-\boldsymbol{\alpha}^{\mathrm{T}}A^{-1}\boldsymbol{\alpha} & O \\ \boldsymbol{\alpha} & A \end{pmatrix}$$

$$\xrightarrow[\text{加到第一列块}]{\text{第二列块右乘}(-A^{-1}\boldsymbol{\alpha})} \begin{pmatrix} 1-\boldsymbol{\alpha}^{\mathrm{T}}A^{-1}\boldsymbol{\alpha} & O \\ O & A \end{pmatrix}$$

即 $\begin{pmatrix} 1 & -\boldsymbol{\alpha}^{\mathrm{T}}A^{-1} \\ O & E_n \end{pmatrix}\begin{pmatrix} 1 & \boldsymbol{\alpha}^{\mathrm{T}} \\ \boldsymbol{\alpha} & A \end{pmatrix}\begin{pmatrix} 1 & -\boldsymbol{\alpha}^{\mathrm{T}}A^{-1} \\ O & E_n \end{pmatrix}^{\mathrm{T}}=\begin{pmatrix} 1-\boldsymbol{\alpha}^{\mathrm{T}}A^{-1}\boldsymbol{\alpha} & O \\ O & A \end{pmatrix}$

故 $\begin{pmatrix} 1 & \boldsymbol{\alpha}^{\mathrm{T}} \\ \boldsymbol{\alpha} & A \end{pmatrix}$,$\begin{pmatrix} 1 & O \\ O & A-\boldsymbol{\alpha}\boldsymbol{\alpha}^{\mathrm{T}} \end{pmatrix}$,$\begin{pmatrix} 1-\boldsymbol{\alpha}^{\mathrm{T}}A^{-1}\boldsymbol{\alpha} & O \\ O & A \end{pmatrix}$ 三个矩阵都合同.

设 $\begin{pmatrix} 1 & \boldsymbol{\alpha}^{\mathrm{T}} \\ \boldsymbol{\alpha} & A \end{pmatrix}$ 的正惯性指数为 p,负惯性指数为 q,$p+q=n$

当 $\boldsymbol{\alpha}^{\mathrm{T}}A^{-1}\boldsymbol{\alpha}>1$ 时:$A-\boldsymbol{\alpha}\boldsymbol{\alpha}^{\mathrm{T}}$ 的正惯性指数为 $(p-1)$,负惯性指数为 q;A 的正惯性指数为 p,负惯性指数为 $(q-1)\Rightarrow s(A-\boldsymbol{\alpha}\boldsymbol{\alpha}^{\mathrm{T}})=p-q-1,s(A)=p-q+1$

故 $s(A)=s(A-\boldsymbol{\alpha}\boldsymbol{\alpha}^{\mathrm{T}})+2$.

当 $\boldsymbol{\alpha}^{\mathrm{T}}A^{-1}\boldsymbol{\alpha}<1$ 时:$A-\boldsymbol{\alpha}\boldsymbol{\alpha}^{\mathrm{T}}$ 的正惯性指数为 $(p-1)$,负惯性指数为 q;A 的正惯性指数为 $(p-1)$,负惯性指数为 q.

故 $s(A)=s(A-\boldsymbol{\alpha}\boldsymbol{\alpha}^{\mathrm{T}})$.

8. 选 D

【解】 对于①,当 $x_2 > x_1$ 时

$$\varphi(x_2) - \varphi(x_1) = \frac{1}{h} \left[\int_{x_2}^{x_2+h} F(t)dt - \int_{x_1}^{x_1+h} F(t)dt \right]$$

$$= \frac{1}{h} \left[\int_{x_2}^{x_1} F(t)dt + \int_{x_1}^{x_1+h} F(t)dt + \int_{x_1+h}^{x_2+h} F(t)dt - \int_{x_1}^{x_1+h} F(t)dt \right]$$

$$= \frac{1}{h} \int_{x_1}^{x_2} [F(u+h) - F(u)]du \geqslant 0, \varphi(x) \text{ 单调递增}$$

$$\varphi(x) = \frac{1}{h} \left[\int_0^{x+h} F(t)dt - \int_0^x F(t)dt \right] \text{ 连续}$$

$F(x) \leqslant \varphi(x) \leqslant F(x+h), F(+\infty) = 1, F(-\infty) = 0 \Rightarrow \varphi(+\infty) = 1, \varphi(-\infty) = 0$

所以 $\varphi(x)$ 为分布函数.

对于②,当 $x_2 > x_1$ 时

$$\varphi(x_2) - \varphi(x_1) = \frac{1}{2h} \left[\int_{x_2-h}^{x_2+h} F(t)dt - \int_{x_1-h}^{x_1+h} F(t)dt \right]$$

$$= \frac{1}{2h} \left[\int_{x_2-h}^{x_1-h} F(t)dt + \int_{x_1+h}^{x_2+h} F(t)dt \right]$$

$$= \frac{1}{2h} \int_{x_1}^{x_2} [F(u+h) - F(u-h)]dt \geqslant 0, \varphi(x) \text{ 单调递增}$$

$$\varphi(x) = \frac{1}{2h} \left[\int_0^{x+h} F(t)dt - \int_0^{x-h} F(t)dt \right] \text{ 连续}$$

$F(x-h) \leqslant \varphi(x) \leqslant F(x+h), F(+\infty) = 1, F(-\infty) = 0 \Rightarrow \varphi(+\infty) = 1, \varphi(-\infty) = 0$

所以 $\varphi(x)$ 为分布函数.

对于③,易知 $f(x,y) \geqslant 0$,

$$\int_{-\infty}^{+\infty} \int_{-\infty}^{+\infty} f(x,y)dxdy = \int_0^{\frac{\pi}{2}} d\theta \int_0^{+\infty} \frac{2g(r)}{\pi r} r dr = \int_0^{+\infty} g(r)dr = 1$$

故 $f(x,y)$ 为二元密度函数.

对于④,$f(x,y) \geqslant 0$ 且

$$\int_{-\infty}^{+\infty} \int_{-\infty}^{+\infty} f(x,y)dxdy$$

$$= \int_{-\infty}^{+\infty} f_1(x)dx \int_{-\infty}^{+\infty} f_2(y)\{1 + a[2F_1(x)-1][2F_2(y)-1]\}dy$$

$$= \int_{-\infty}^{+\infty} f_1(x)dx \int_{-\infty}^{+\infty} f_2(y)dy$$

$$+ a \int_{-\infty}^{+\infty} f_1(x)[2F_1(x)-1]dx \int_{-\infty}^{+\infty} f_2(y)[2F_2(y)-1]dy = 1$$

所以 $f(x,y)$ 为二元密度函数.

9. 选 B

【解】 依题意,$AB \subset C \Leftrightarrow \overline{A} \bigcup \overline{B} \supset \overline{C}$

故 $P(C) \geqslant P(AB) = P(A) + P(B) - P(A \bigcup B) \geqslant P(A) + P(B) - 1$,D 错.

$P(\overline{A} \bigcup \overline{B}) = P(\overline{A}) + P(\overline{B}) - P(\overline{A}\,\overline{B}) \geqslant P(\overline{C}) \Rightarrow P(\overline{A}) + P(\overline{B}) \geqslant P(\overline{A}) + P(\overline{B})$

$- P(\overline{A}\,\overline{B}) \geqslant P(\overline{C})$,B 对.

$P(AB) = P(A) + P(B) - P(A \bigcup B) = 1 - P(\overline{A}) - P(\overline{B}) + 1 - P(A \bigcup B) \geqslant 1 -$

$P(\overline{A}) - P(\overline{B})$,A 错.

$AB \subset C \subset A \bigcup B$,如图所示

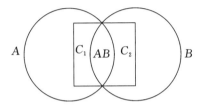

$C = C_1 + AB + C_2$,$AC = C_1 + AB$,$BC = C_2 + AB$

$P(AC) + P(AB) - P(BC) = P(C_1) + P(AB) - P(C_2)$

$P(A) = P(A\overline{C}) + P(AC) = P(A\overline{C}) + P(C_1) + P(AB)$

$\Rightarrow P(A) \geqslant P(C_1) + P(AB) \geqslant P(C_1) + P(AB) - P(C_2) = P(AC) + P(AB) -$

$P(BC)$,C 错.

10. 选 A

【解】 系统(ⅰ),(ⅱ),(ⅲ)的寿命为 $Z_1 = \min(X, Y)$,$Z_2 = \max(X, Y)$,$Z_3 = X + Y$

X, Y 的分布函数分别为 $F_X(x) = \begin{cases} 1 - e^{-\alpha x}, & x > 0 \\ 0, & \text{其他} \end{cases}$,$F_Y(y) = \begin{cases} 1 - e^{-\beta y}, & y > 0 \\ 0, & \text{其他} \end{cases}$

Z_1 的分布函数及密度函数分别为 $F_{Z_1}(x) = 1 - [1 - F_X(x)][1 - F_Y(x)]$

$f_1(x) = f_X(x)[1 - F_Y(x)] + [1 - F_X(x)]f_Y(x) = \begin{cases} (\alpha + \beta)e^{-(\alpha+\beta)x}, & x > 0 \\ 0, & \text{其他} \end{cases}$

Z_2 的分布函数及密度函数分别为 $F_{Z_2} = F_X(x)F_Y(x)$

$f_2(x) = f_X(x)F_Y(x) + F_X(x)f_Y(x) = \begin{cases} \alpha e^{-\alpha x} + \beta e^{-\beta x} - (\alpha + \beta)e^{-(\alpha+\beta)x}, & x > 0 \\ 0, & x \leqslant 0 \end{cases}$

Z_3 的密度函数为 $f_3(t) = \int_{-\infty}^{+\infty} f(x, t-x)\,\mathrm{d}x$,其中

$$f(x, y) = \begin{cases} \alpha\beta e^{-\alpha x - \beta y}, & x > 0, y > 0 \\ 0, & \text{其他} \end{cases}$$

故 $f_3(t) = \int_0^t \alpha\beta e^{-\alpha x - \beta(t-x)}\,\mathrm{d}x = \begin{cases} \dfrac{\alpha\beta}{\beta - \alpha}(e^{-\alpha t} - e^{-\beta t}), & t > 0 \\ 0, & t \leqslant 0 \end{cases}$,即得 $f_3(x)$.

二、填空题:11 ～ 16 小题,每小题 5 分,共 30 分.

11. $\dfrac{2}{\pi}$

【解】 注意,本题不能用洛必达法则,因为用洛必达法则后极限不存在,但原极限存在.$|\sin x|$ 是基本周期为 $T=\pi$ 的函数.

利用公式 $\lim\limits_{x\to+\infty}\dfrac{1}{x}\displaystyle\int_0^x f(t)\,\mathrm{d}t=\dfrac{1}{T}\displaystyle\int_0^T f(t)\,\mathrm{d}t$,其中 $f(x)$ 为周期为 T 的函数.

故 $\lim\limits_{x\to+\infty}\dfrac{1}{x}\displaystyle\int_0^x |\sin x|\,\mathrm{d}x=\dfrac{1}{\pi}\displaystyle\int_0^\pi \sin x\,\mathrm{d}x=\dfrac{2}{\pi}$.

12. $-\sqrt{\dfrac{\pi}{2}}$

【解法一】

$$I=\int_{-\infty}^{+\infty}\int_{-\infty}^{+\infty}\min(x,y)\mathrm{e}^{-(x^2+y^2)}\,\mathrm{d}x\,\mathrm{d}y=\pi\int_{-\infty}^{+\infty}\int_{-\infty}^{+\infty}\min(x,y)\frac{1}{\pi}\mathrm{e}^{-\frac{x^2+y^2}{2\cdot\frac12}}\,\mathrm{d}x\,\mathrm{d}y$$

$\Leftrightarrow X,Y$ 独立同分布,均服从 $N\left(0,\dfrac{1}{2}\right)$,求 $E[\min(X,Y)]$

$$Z=\min(X,Y)=\frac{X+Y}{2}-\frac{|X-Y|}{2},\ X-Y\sim N(0,1)$$

$$E(Z)=\frac{1}{2}[E(X)+E(Y)]-\frac{1}{2}E(|X-Y|)=-\frac{1}{2}\sqrt{\frac{2}{\pi}},\ \text{故}\ I=-\sqrt{\frac{\pi}{2}}.$$

【解法二】

$$I=\iint\limits_{x\geqslant y}y\mathrm{e}^{-x^2-y^2}\,\mathrm{d}x\,\mathrm{d}y+\iint\limits_{x\leqslant y}x\mathrm{e}^{-x^2-y^2}\,\mathrm{d}x\,\mathrm{d}y=2\iint\limits_{y\geqslant x}x\mathrm{e}^{-x^2-y^2}\,\mathrm{d}x\,\mathrm{d}y$$

$$=2\int_{-\infty}^{+\infty}\mathrm{e}^{-y^2}\,\mathrm{d}y\int_{-\infty}^{y}x\mathrm{e}^{-x^2}\,\mathrm{d}x$$

$$=-\int_{-\infty}^{+\infty}\mathrm{e}^{-2y^2}\,\mathrm{d}y=-\frac{1}{2}\sqrt{2\pi}\int_{-\infty}^{+\infty}\frac{1}{\sqrt{2\pi}\cdot\frac12}\mathrm{e}^{-\frac{y^2}{2\cdot\frac14}}\,\mathrm{d}y=-\sqrt{\frac{\pi}{2}}.$$

13. $\dfrac{7}{24}$

【解】 $V=\displaystyle\iint\limits_{D}(x+y-xy)\,\mathrm{d}x\,\mathrm{d}y$,其中 D 由 $x+y=1,x=0,y=0$ 围成

$$V=\iint\limits_{D}(x+y)\,\mathrm{d}x\,\mathrm{d}y-\iint\limits_{D}xy\,\mathrm{d}x\,\mathrm{d}y=\frac{7}{24}.$$

14. $\dfrac{2}{3}$

【解】 $V = \dfrac{1}{6} |\ [\overrightarrow{OA}\ \overrightarrow{OB}\ \overrightarrow{OC}\ ]\ | = \dfrac{1}{6} \begin{vmatrix} 1 & 2 & 0 \\ 2 & 3 & 1 \\ 4 & 2 & 2 \end{vmatrix} = \dfrac{2}{3}.$

15. $\dfrac{m}{m+1}$

【解】 $E(X) = \displaystyle\int_{-\infty}^{+\infty} x f(x) \mathrm{d}x = \int_{0}^{+\infty} (m+1) \dfrac{x^{m+1}}{(m+1)!} \mathrm{e}^{-x} \mathrm{d}x = (m+1)$

$E(X^2) = \displaystyle\int_{0}^{+\infty} (m+1)(m+2) \dfrac{x^{m+2}}{(m+2)!} \mathrm{e}^{-x} \mathrm{d}x = (m+1)(m+2)$

$D(X) = E(X^2) - [E(X)]^2 = (m+1)$

由切比雪夫不等式知，

$P(|X - E(X)| \geqslant \varepsilon) \leqslant \dfrac{D(X)}{\varepsilon^2}$

$P(0 < X < 2(m+1))$

$= P(-(m+1) < X - (m+1) < m+1)$

$= P(|X - E(X)| < m+1) = 1 - P(|X - E(X)| \geqslant m+1) \geqslant 1 - \dfrac{(m+1)}{(m+1)^2} = \dfrac{m}{m+1}.$

16. $(-1)^{n-1}(n-1)x^{n-2}$

【解法一】

$$D_n = \begin{vmatrix} 1+(-1) & 1 & 1 & \cdots & 1 & 1 \\ 1 & 0 & x & \cdots & x & x \\ 1 & x & 0 & \cdots & x & x \\ \vdots & \vdots & \vdots & & \vdots & \vdots \\ 1 & x & x & \cdots & x & 0 \end{vmatrix}$$

$$= \begin{vmatrix} 1 & 1 & 1 & \cdots & 1 \\ 1 & 0 & x & \cdots & x \\ 1 & x & 0 & \cdots & x \\ \vdots & \vdots & \vdots & & \vdots \\ 1 & x & x & \cdots & 0 \end{vmatrix} + \begin{vmatrix} -1 & 1 & 1 & \cdots & 1 \\ 0 & 0 & x & \cdots & x \\ 0 & x & 0 & \cdots & x \\ \vdots & \vdots & \vdots & & \vdots \\ 0 & x & x & \cdots & 0 \end{vmatrix}$$

$$= \left| (x-1) \begin{pmatrix} 1 & 1 & 1 & \cdots & 1 \\ 1 & 1 & 1 & \cdots & 1 \\ \vdots & \vdots & \vdots & & \vdots \\ 1 & 1 & 1 & \cdots & 1 \end{pmatrix}_{n-1} - x\boldsymbol{E}_{n-1} \right|$$

$$+ (-1) \left| x \begin{pmatrix} 1 & 1 & \cdots & 1 \\ 1 & 1 & \cdots & 1 \\ \vdots & \vdots & & \vdots \\ 1 & 1 & \cdots & 1 \end{pmatrix}_{n-1} - x\boldsymbol{E}_{n-1} \right|$$

$$= (-x)^{n-2}[(n-2)x - (n-1)] - (-x)^{n-2}[(n-2)x]$$

$$= (-1)^{n-1}(n-1)x^{n-2}.$$

【解法二】

$$D_n = \frac{1}{x^2}\begin{vmatrix} 0 & x & x & \cdots & x \\ x & 0 & x & \cdots & x \\ x & x & 0 & \cdots & x \\ \vdots & \vdots & \vdots & & \vdots \\ x & x & x & \cdots & 0 \end{vmatrix} \xrightarrow{\text{第一行} \times (-1) \text{加到各行}} \frac{1}{x^2}\begin{vmatrix} 0 & x & x & \cdots & x \\ x & -x & 0 & \cdots & 0 \\ x & 0 & -x & \cdots & 0 \\ \vdots & \vdots & \vdots & & \vdots \\ x & 0 & 0 & \cdots & -x \end{vmatrix}$$

$$\xrightarrow[\text{都加到第一列}]{\text{第二列，第三列}, \cdots, \text{第}\, n \,\text{列}} \frac{1}{x^2}\begin{vmatrix} (n-1)x & x & x & \cdots & x \\ 0 & -x & 0 & \cdots & 0 \\ 0 & 0 & -x & \cdots & 0 \\ \vdots & \vdots & \vdots & & \vdots \\ 0 & 0 & 0 & \cdots & -x \end{vmatrix} = (-1)^{n-1}(n-1)x^{n-2}.$$

三、解答题：17 ~ 22 小题，共 70 分.解答应写出文字说明、证明过程或演算步骤.

17.【解】 原方程等价于 $x(y'' - y') - (x+1)(y' - y) = (x^2 + x - 1)e^{2x}$

$xz' - (x+1)z = (x^2 + x - 1)e^{2x}, z = y' - y$

$\Leftrightarrow z' - \left(1 + \dfrac{1}{x}\right)z = \dfrac{x^2 + x - 1}{x}e^{2x}$, 其中令 $b(x) = \dfrac{x^2 + x - 1}{x}e^{2x}$

$a(x) = -\left(1 + \dfrac{1}{x}\right), \int a(x)\,\mathrm{d}x = -x - \ln x, e^{\int a(x)\mathrm{d}x} = \dfrac{1}{x}e^{-x}$

$z = y' - y = e^{-\int a(x)\mathrm{d}x}\displaystyle\int e^{\int a(x)\mathrm{d}x}b(x)\,\mathrm{d}x = xe^x\int \dfrac{x^2 + x - 1}{x^2}e^x\,\mathrm{d}x$

$= (x+1)e^{2x} + C_0 x e^x$

$\Leftrightarrow e^{-x}y' - e^{-x}y = (x+1)e^x + C_0 x \Leftrightarrow e^{-x}y = xe^x + C_1 x^2 + C_2$

故所求通解 $y = xe^{2x} + C_1 x^2 e^x + C_2 e^x = (C_1 x^2 + C_2)e^x + xe^{2x}$.

18.【解】 (1) $a_n = \dfrac{(2n-1)!!}{(2n)!!}, \rho = \lim\limits_{n \to \infty}\dfrac{a_{n+1}}{a_n} = \lim\limits_{n \to \infty}\dfrac{(2n+1)!!}{(2n+2)!!} \cdot \dfrac{(2n)!!}{(2n-1)!!}$

$\qquad = \lim\limits_{n \to \infty}\dfrac{2n+1}{2n+2} = 1$

$R = \dfrac{1}{\rho} = 1$, 当 $x = 1$ 时, 利用 $b > a > 1$, 则 $\dfrac{a-1}{b-1} < \dfrac{a}{b} < \dfrac{a+1}{b+1}$

$\dfrac{1}{2} \cdot \dfrac{1}{2n} \cdot \dfrac{1}{a_n} = \dfrac{1}{2} \cdot \dfrac{2}{3} \cdot \dfrac{4}{5} \cdot \cdots \cdot \dfrac{2n-2}{2n-1} < a_n = \dfrac{1}{2} \cdot \dfrac{3}{4} \cdot \dfrac{5}{6} \cdot \cdots \cdot \dfrac{2n-1}{2n} <$

$\dfrac{2}{3} \cdot \dfrac{4}{5} \cdot \dfrac{6}{7} \cdot \cdots \cdot \dfrac{2n}{2n+1} = \dfrac{1}{2n+1} \cdot \dfrac{1}{a_n}$

$$\Leftrightarrow \frac{1}{2\sqrt{n}} < a_n < \frac{1}{\sqrt{2n+1}}, \sum_{n=1}^{\infty} \frac{1}{\sqrt{n}} \text{ 发散,因此} \sum_{n=1}^{\infty} a_n \text{ 发散}$$

当 $x = -1$ 时,a_n 单调递减且 $\lim_{n \to \infty} a_n = 0$,由莱布尼兹定理知 $\sum_{n=1}^{\infty} (-1)^n a_n$ 收敛.

故收敛域为 $[-1, 1)$.

(2) $S(x) = 1 + \sum_{n=1}^{\infty} a_n x^n = \sum_{n=0}^{\infty} a_n x^n, a_0 = 1$,则

$$S'(x) = \sum_{n=1}^{\infty} n a_n x^{n-1} = \sum_{n=0}^{\infty} (n+1) a_{n+1} x^n$$

$$\frac{a_{n+1}}{a_n} = \frac{2n+1}{2n+2} \Leftrightarrow 2(n+1) a_{n+1} = (2n+1) a_n \Leftrightarrow 2(n+1) a_{n+1} x^n = 2n a_n x^n + a_n x^n$$

$$2 \sum_{n=0}^{\infty} (n+1) a_{n+1} x^n = 2 \sum_{n=0}^{\infty} n a_n x^n + \sum_{n=0}^{\infty} a_n x^n$$

$$2S'(x) = 2 \sum_{n=1}^{\infty} n a_n x^n + S(x) = 2x S'(x) + S(x) \Leftrightarrow 2(1-x) S'(x) = S(x), S(0) = 1$$

解之,得 $S(x) = \dfrac{1}{\sqrt{1-x}}$.

19.【解】 利用 Gauss 公式,$\Omega: \dfrac{x^2}{a^2} + \dfrac{y^2}{b^2} + \dfrac{z^2}{c^2} \leqslant 1$

$$I_1 = \iiint_{\Omega} 0 \, dx \, dy \, dz = 0, I_2 = \iiint_{\Omega} dx \, dy \, dz = \frac{4}{3} \pi abc$$

$$I_3 = \iiint_{\Omega} 3z^2 \, dx \, dy \, dz \xrightarrow{x=au, y=bv, z=cw} 3abc^3 \iiint_{u^2+v^2+w^2 \leqslant 1} w^2 \, du \, dv \, dw = \frac{4}{5} \pi abc^3.$$

20.【证明】 令 $f(x) = \sin x$,利用泰勒公式

$$f(x) = f(y) + f'(y)(x-y) + \frac{f''(\xi)}{2}(x-y)^2$$

$$= \sin y + (\cos y)(x-y) + \frac{1}{2}(-\sin \xi)(x-y)^2$$

$$\Leftrightarrow \left| \frac{\sin x - \sin y}{x-y} - \cos y \right| = \frac{|x-y|}{2} |\sin \xi| \leqslant \frac{|x-y|}{2}.$$

21.【解】 $P(Y_i = 1) = P(X_i + X_{i+1} = 1)$

$$= P(X_i = 0, X_{i+1} = 1) + P(X_i = 1, X_{i+1} = 0)$$

$$= P(X_i = 0) P(X_{i+1} = 1) + P(X_i = 1) P(X_{i+1} = 0) = 2p(1-p)$$

$$P(Y_i = 0) = 1 - 2p(1-p)$$

$$E(Y_i) = 2p(1-p), D(Y_i) = 2p(1-p)[1 - 2p(1-p)],$$

$$E(Z) = \sum_{i=1}^{n} E(Y_i) = 2np(1-p)$$

$$E(Y_i Y_{i+1}) = P(Y_i = 1, Y_{i+1} = 1) = P(X_i + X_{i+1} = 1, X_{i+1} + X_{i+2} = 1)$$

$$= P(X_i = 0, X_{i+1} = 1, X_{i+2} = 0) + P(X_i = 1, X_{i+1} = 0, X_{i+2} = 1)$$

$$= p(1-p)^2 + p^2(1-p) = p(1-p)$$

$$\mathrm{Cov}(Y_i, Y_{i+1}) = E(Y_i Y_{i+1}) - E(Y_i)E(Y_{i+1}) = p(1-p) - (2p(1-p))^2$$

$$= p(1-p)(2p-1)^2.$$

当 $k \geqslant 2$ 时,

$$E(Y_i Y_{i+k}) = P(Y_i = 1, Y_{i+k} = 1) = P(X_i + X_{i+1} = 1, X_{i+k} + X_{i+k+1} = 1)$$

$$= P(X_i + X_{i+1} = 1)P(X_{i+k} + X_{i+k+1} = 1) = (2p(1-p))^2$$

$$\mathrm{Cov}(Y_i, Y_{i+k}) = E(Y_i Y_{i+k}) - E(Y_i)E(Y_{i+k}) = 0.$$

注:事实上,$k \geqslant 2$,Y_i, Y_{i+k} 相互独立 $\Rightarrow \mathrm{Cov}(Y_i, Y_{i+k}) = 0$.

$$\text{故 } D(Z) = \sum_{i=1}^{n} D(Y_i) + 2\mathrm{Cov}(Y_1, Y_2) + 2\mathrm{Cov}(Y_2, Y_3) + \cdots + 2\mathrm{Cov}(Y_{n-1}, Y_n)$$

$$+ \sum_{1 \leqslant i < i+1 < i+k < n} \mathrm{Cov}(Y_i, Y_{i+k})$$

$$= 2np(1-p)[1 - 2p(1-p)] + 2(n-1)p(1-p)(2p-1)^2$$

$$= 2p(1-p)[(6n-4)p^2 - (6n-4)p + 2n-1]$$

$$= (4n-2)p - (16n-10)p^2 + (24n-16)p^3 - (12n-8)p^4.$$

22.【证明】 (1) 设 $r(\boldsymbol{A}) = r$,$r(\boldsymbol{B}) = s$,则存在 $\boldsymbol{P}_{n \times r}, \boldsymbol{Q}_{r \times n}, \boldsymbol{G}_{n \times s}, \boldsymbol{H}_{s \times n}$,使得

$\boldsymbol{A} = \boldsymbol{PQ}, \boldsymbol{B} = \boldsymbol{GH}$,其中 $r(\boldsymbol{P}) = r(\boldsymbol{Q}) = r$,$r(\boldsymbol{G}) = r(\boldsymbol{H}) = s$

$$\boldsymbol{A} + \boldsymbol{B} = \boldsymbol{PQ} + \boldsymbol{GH} = (\boldsymbol{P} \quad \boldsymbol{G}) \begin{pmatrix} \boldsymbol{Q} \\ \boldsymbol{H} \end{pmatrix} \Rightarrow r(\boldsymbol{A} + \boldsymbol{B}) = r\left[(\boldsymbol{P} \quad \boldsymbol{G}) \begin{pmatrix} \boldsymbol{Q} \\ \boldsymbol{H} \end{pmatrix}\right] \leqslant r\begin{pmatrix} \boldsymbol{Q} \\ \boldsymbol{H} \end{pmatrix} \leqslant r(\boldsymbol{Q}) +$$

$r(\boldsymbol{H}) = r + s$

即 $r(\boldsymbol{A} + \boldsymbol{B}) \leqslant r(\boldsymbol{A}) + r(\boldsymbol{B})$.

(2) $\boldsymbol{AB} = \boldsymbol{O}$,设 $r(\boldsymbol{A}) = r$,把 $\boldsymbol{B}$ 按列分块,$\boldsymbol{B} = (\boldsymbol{X}_1, \boldsymbol{X}_2, \cdots, \boldsymbol{X}_n)$

$\boldsymbol{AB} = \boldsymbol{O} \Leftrightarrow \boldsymbol{AX}_1 = \boldsymbol{0}, \boldsymbol{AX}_2 = \boldsymbol{0}, \cdots, \boldsymbol{AX}_n = \boldsymbol{0}$

即 $\boldsymbol{B}$ 的每一列均为齐次方程 $\boldsymbol{AX} = \boldsymbol{0}$ 的解,

故 $r(\boldsymbol{B}) \leqslant n - r$,即 $r(\boldsymbol{A}) + r(\boldsymbol{B}) \leqslant n$.

(3) $\boldsymbol{A}^2 = \boldsymbol{A} \Leftrightarrow \boldsymbol{A}(\boldsymbol{E} - \boldsymbol{A}) = \boldsymbol{O}$

一方面,$r(\boldsymbol{A}) + r(\boldsymbol{E} - \boldsymbol{A}) \leqslant n$;

另一方面,$r(\boldsymbol{A} + \boldsymbol{E} - \boldsymbol{A}) = r(\boldsymbol{E}) = n \leqslant r(\boldsymbol{A}) + r(\boldsymbol{E} - \boldsymbol{A})$

故 $r(\boldsymbol{A}) + r(\boldsymbol{E} - \boldsymbol{A}) = n$.

数学模拟试题三参考答案

一、选择题:1～10小题,每小题5分,共50分.下列每题给出的四个选项中,只有一个选项是最符合题目要求的.

1. 选 C

【解】 $f(x)$ 的一切不可导点集合:

$$\{x \mid x^2 + x - 2 \neq 0, \sin(2\pi x) = 0, (\sin(2\pi x))' \neq 0\}$$

$$= \left\{x \mid x \neq 1, x \neq -2, x = \frac{k}{2}, k = 0, \pm 1, \pm 2, \cdots\right\}$$

在 $-\dfrac{1}{2} < x < \dfrac{3}{2}$ 范围内,即 $-1 < k < 3, k = 0, 1, 2$

故有两个不可导点 $x_1 = 0, x_2 = \dfrac{1}{2}$.

2. 选 C

【解】 对于 A:曲面 $z = f(x, y)$ 在 $(0, 0, f(0, 0))$ 处的法向量

$$\vec{n} = \pm \left\{\frac{\partial f}{\partial x}, \frac{\partial f}{\partial y}, -1\right\}\Bigg|_{(0,0,f(0,0))} = \pm\{2, 1, -1\}$$

A 错.

对于 B,C:曲线 $\begin{cases} z = f(x, y) \\ y = 0 \end{cases} \Leftrightarrow \begin{cases} x = x \\ y = 0 \\ z = f(x, 0) \end{cases}$ 在 $(0, 0, f(0, 0))$ 处的切向量 $\vec{s} =$

$\{1, 0, f'_x(0, 0)\} = \{1, 0, 2\}$

C 对,B 错.

对于 D:由于偏导数存在不一定可微,D 错.

3. 选 D

【解】 级数 $\displaystyle\sum_{n=1}^{\infty} (-1)^n \frac{1}{n^\lambda} \sin\frac{\pi}{\sqrt{n}}, a_n = \frac{1}{n^\lambda} \sin\frac{\pi}{\sqrt{n}}$

$$a_n - a_{n+1} = \frac{1}{n^\lambda}\left[\frac{\pi}{\sqrt{n}} - \frac{1}{3!}\left(\frac{\pi}{\sqrt{n}}\right)^3 + \cdots\right] - \frac{1}{(n+1)^\lambda}\left[\frac{\pi}{\sqrt{n+1}} - \frac{1}{3!}\left(\frac{\pi}{\sqrt{n+1}}\right)^3 + \cdots\right]$$

$$= \pi\left(\frac{1}{n^{\lambda+\frac{1}{2}}} - \frac{1}{(n+1)^{\lambda+\frac{1}{2}}}\right) + o\left(\frac{1}{n^{\lambda+\frac{3}{2}}}\right)$$

n 充分大时,$\lambda > -\dfrac{1}{2}$ 时,a_n 单调递减,且 $\displaystyle\lim_{n\to\infty} a_n = \lim_{n\to\infty}\frac{\pi}{n^{\lambda+\frac{1}{2}}} = 0$

由莱布尼兹定理知,级数收敛,又 $|a_n| \sim \dfrac{\pi}{n^{\lambda+\frac{1}{2}}}(n \to \infty)$

当且仅当 $\lambda + \dfrac{1}{2} > 1, \lambda > \dfrac{1}{2}$ 时,级数 $\displaystyle\sum_{n=1}^{\infty} a_n$ 绝对收敛

故 $-\dfrac{1}{2} < \lambda \leqslant \dfrac{1}{2}$ 时,条件收敛,选 D.

注意:当 $\lambda = -\dfrac{1}{2}$ 时, $\lim\limits_{n \to \infty} a_n = \pi$, $\displaystyle\sum_{n=1}^{\infty}(-1)^n a_n$ 发散.

4. 选 C

【解】 $\alpha = \dfrac{\tan x - \sin x}{\sqrt{1+\tan x} + \sqrt{1+\sin x}} \sim \dfrac{1}{4}x^3$

$\beta = (1+2x)^{\frac{1}{2}} - (1+3x)^{\frac{1}{3}}$

$= \left[1 + x + \dfrac{\frac{1}{2}\left(\frac{1}{2}-1\right)}{2}(2x)^2 + o(x^2)\right] - \left[1 + x + \dfrac{\frac{1}{3}\left(\frac{1}{3}-1\right)}{2}(3x)^2 + o(x^2)\right]$

$= \dfrac{1}{2}x^2 + o(x^2) \sim \dfrac{1}{2}x^2$

$\gamma = x - \dfrac{4}{3}\sin x + \dfrac{1}{6}\sin 2x$

$= x - \dfrac{4}{3}\left[x - \dfrac{1}{6}x^3 + \dfrac{1}{120}x^5 + \dfrac{x^7}{7!} + o(x^7)\right]$

$\quad + \dfrac{1}{6}\left[2x - \dfrac{(2x)^3}{6} + \dfrac{(2x)^5}{120} - \dfrac{(2x)^7}{7!} + o(x^7)\right]$

$= \dfrac{1}{30}x^5 + o(x^5) \sim \dfrac{1}{30}x^5$

$\theta = \displaystyle\int_0^{\ln(1+x^2)} \dfrac{\sin^2 t}{t}e^{t^2}\,\mathrm{d}t \sim \int_0^{\ln(1+x^2)} t\,\mathrm{d}t = \dfrac{1}{2}(\ln(1+x^2))^2 \sim \dfrac{1}{2}x^4$

故从低阶到高阶的排列顺序为 $\beta, \alpha, \theta, \gamma$,选 C.

5. 选 B

【解】 $\boldsymbol{A}$ 为实对称阵, $\boldsymbol{A} = (a-b)\boldsymbol{E} + \boldsymbol{B}$, $\boldsymbol{B} = \begin{pmatrix} b & b & \cdots & b \\ b & b & \cdots & b \\ \vdots & \vdots & & \vdots \\ b & b & \cdots & b \end{pmatrix}$

$\boldsymbol{A}$ 的特征值为: $\lambda_1 = \lambda_2 = \cdots = \lambda_{n-1} = a - b, \lambda_n = a + (n-1)b$

又 $r(\boldsymbol{A}^*) = 1 \Rightarrow r(\boldsymbol{A}) = n-1 \Rightarrow a \neq b, a + (n-1)b = 0,$ 且 $b \neq 0.$

若 $b=0$,则 $a\neq 0$,$r(\boldsymbol{A})=n$,这与 $r(\boldsymbol{A})=n-1$ 矛盾

$\Rightarrow\boldsymbol{A}$ 的 n 个特征值 $\lambda_1=\lambda_2=\cdots=\lambda_{n-1}=-nb$,$\lambda_n=0$

$\Rightarrow\boldsymbol{B}=nb\boldsymbol{E}+\boldsymbol{A}$ 的特征值 $u_1=u_2=\cdots=u_{n-1}=0$,$u_n=nb$

故 $\boldsymbol{B}$ 不可逆.

$\boldsymbol{C}=(n+1)b\boldsymbol{E}+\boldsymbol{A}$ 的特征值 $t_1=t_2=\cdots=t_{n-1}=b(b\neq 0)$,$t_n=(n+1)b$

故 $\boldsymbol{C}$ 可逆.

6. 选 B

【解】 $\boldsymbol{A}\sim\begin{pmatrix}n&0&0&\cdots&0\\0&0&0&\cdots&0\\\vdots&\vdots&\vdots&&\vdots\\0&0&0&0&0\end{pmatrix}$,$\boldsymbol{B}\sim\begin{pmatrix}n&0&0&\cdots&0\\0&0&0&\cdots&0\\\vdots&\vdots&\vdots&&\vdots\\0&0&0&\cdots&0\end{pmatrix}$

$\Rightarrow\boldsymbol{A}\sim\boldsymbol{B}$,且 $\boldsymbol{A}$,$\boldsymbol{B}$ 等价$(r(\boldsymbol{A})=r(\boldsymbol{B}))$,选 B.

7. 选 C

【解】

$\begin{pmatrix}\boldsymbol{B}&\boldsymbol{G}\\\boldsymbol{G}^{\mathrm{T}}&\boldsymbol{O}\end{pmatrix}\xrightarrow[\text{加到第二行块}]{\text{第一行块左乘}-\boldsymbol{G}^{\mathrm{T}}\boldsymbol{B}^{-1}}\begin{pmatrix}\boldsymbol{B}&\boldsymbol{G}\\\boldsymbol{O}&-\boldsymbol{G}^{\mathrm{T}}\boldsymbol{B}^{-1}\boldsymbol{G}\end{pmatrix}\xrightarrow[\text{加到第二列块}]{\text{第一列块右乘}-\boldsymbol{B}^{-1}\boldsymbol{G}}\begin{pmatrix}\boldsymbol{B}&\boldsymbol{O}\\\boldsymbol{O}&-\boldsymbol{G}^{\mathrm{T}}\boldsymbol{B}^{-1}\boldsymbol{G}\end{pmatrix}$

即 $\begin{pmatrix}\boldsymbol{E}_n&-\boldsymbol{B}^{-1}\boldsymbol{G}\\\boldsymbol{O}&\boldsymbol{E}_m\end{pmatrix}^{\mathrm{T}}\begin{pmatrix}\boldsymbol{B}&\boldsymbol{G}\\\boldsymbol{G}^{\mathrm{T}}&\boldsymbol{O}\end{pmatrix}\begin{pmatrix}\boldsymbol{E}_n&-\boldsymbol{B}^{-1}\boldsymbol{G}\\\boldsymbol{O}&\boldsymbol{E}_m\end{pmatrix}=\begin{pmatrix}\boldsymbol{B}&\boldsymbol{O}\\\boldsymbol{O}&-\boldsymbol{G}^{\mathrm{T}}\boldsymbol{B}^{-1}\boldsymbol{G}\end{pmatrix}$

即 $\boldsymbol{A}=\begin{pmatrix}\boldsymbol{B}&\boldsymbol{G}\\\boldsymbol{G}^{\mathrm{T}}&\boldsymbol{O}\end{pmatrix}$ 与 $\begin{pmatrix}\boldsymbol{B}&\boldsymbol{O}\\\boldsymbol{O}&-\boldsymbol{G}^{\mathrm{T}}\boldsymbol{B}^{-1}\boldsymbol{G}\end{pmatrix}$ 合同

$\Rightarrow r(\boldsymbol{A})=r(\boldsymbol{B})+r(\boldsymbol{G}^{\mathrm{T}}\boldsymbol{B}^{-1}\boldsymbol{G})=n+m$,且 $\boldsymbol{A}$ 有 n 个正特征值,m 个负特征值,选 C.

8. 选 C

【解】 $A-B$ 与 C 独立 $\Leftrightarrow P(A\bar{B}\cap C)=P(A\bar{B})P(C)=[P(A)-P(AB)]P(C)$

$\Leftrightarrow P(AC)-P(ACB)=P(A)P(C)-P(AB)P(C)$

又 A,C 独立 $\Leftrightarrow P(A)P(C)-P(ACB)=P(A)P(C)-P(AB)P(C)$

$\Leftrightarrow P(ABC)=P(AB)P(C)$,选 C.

9. 选 C

【解】 利用 $\mathrm{Cov}(\bar{X},\bar{Y})=E(\bar{X}\bar{Y})-E(\bar{X})E(\bar{Y})$

$$\Rightarrow E(\overline{X}\,\overline{Y}) = E(\overline{X})E(\overline{Y}) + \text{Cov}(\overline{X}, \overline{Y}) = \mu_1\mu_2 + \text{Cov}\left(\frac{1}{n}\sum_{i=1}^{n}X_i, \frac{1}{n}\sum_{i=1}^{n}Y_i\right)$$

$$= \mu_1\mu_2 + \frac{1}{n^2}\left[\text{Cov}(X_1, Y_1) + \text{Cov}(X_2, Y_2) + \cdots + \text{Cov}(X_n, Y_n)\right]$$

$$= \mu_1\mu_2 + \frac{1}{n}\sigma_1\sigma_2\rho$$

$$\text{Cov}(X_i - \overline{X}, Y_i - \overline{Y}) = \text{Cov}(X_i, Y_i) - \text{Cov}(X_i, \overline{Y}) - \text{Cov}(\overline{X}, Y_i) + \text{Cov}(\overline{X}, \overline{Y})$$

$$= \text{Cov}(X_i, Y_i) - \frac{2}{n}\text{Cov}(X_i, Y_i) + \frac{1}{n^2}\left[\sum_{i=1}^{n}\text{Cov}(X_i, Y_i)\right]$$

$$= \sigma_1\sigma_2\rho - \frac{2}{n}\sigma_1\sigma_2\rho + \frac{1}{n}\sigma_1\sigma_2\rho = \left(1 - \frac{1}{n}\right)\sigma_1\sigma_2\rho$$

$$\Rightarrow E\left[\sum_{i=1}^{n}(X_i - \overline{X})(Y_i - \overline{Y})\right] = \sum_{i=1}^{n}E\left[(X_i - \overline{X})(Y_i - \overline{Y})\right]$$

$$= \sum_{i=1}^{n}\left[E(X_i - \overline{X})E(Y_i - \overline{Y}) + \text{Cov}(X_i - \overline{X}, Y_i - \overline{Y})\right]$$

$$= n\left(1 - \frac{1}{n}\right)\sigma_1\sigma_2\rho = (n-1)\sigma_1\sigma_2\rho, \text{选 C.}$$

10. 选 C

【解】 $X \sim N(\mu, \sigma^2)$，令 $\dfrac{X-\mu}{\sigma} = Z$，即 $X = \mu + \sigma Z, Z \sim N(0,1)$

$X^3 = (\mu + \sigma Z)^3 = \mu^3 + 3\mu^2\sigma Z + 3\mu\sigma^2 Z^2 + \sigma^3 Z^3$

$\Rightarrow E(X^3) = \mu^3 + 3\mu\sigma^2 E(Z^2) = \mu^3 + 3\mu\sigma^2.$

二、填空题：11～16 小题，每小题 5 分，共 30 分.

11. $y = \sqrt{1+x}$

【解】 $yy'' + (y')^2 = 0$（缺"x"类型）

令 $y' = z, y'' = \dfrac{\mathrm{d}z}{\mathrm{d}x} = \dfrac{\mathrm{d}z}{\mathrm{d}y} \cdot \dfrac{\mathrm{d}y}{\mathrm{d}x} = z\dfrac{\mathrm{d}z}{\mathrm{d}y}$，原方程化为 $yz\dfrac{\mathrm{d}z}{\mathrm{d}y} + z^2 = 0$

$y' = z = 0$（舍去）或 $y\dfrac{\mathrm{d}z}{\mathrm{d}y} + z = 0 \Leftrightarrow \dfrac{\mathrm{d}z}{z} = -\dfrac{\mathrm{d}y}{y}$

$\ln|y'| = \ln|z| = -\ln|y| + C_1$，由 $y'(0) = \dfrac{1}{2}, y(0) = 1 \Rightarrow C_1 = -\ln 2 \Rightarrow y'y = \dfrac{1}{2}$

故 $\dfrac{1}{2}y^2 = \dfrac{1}{2}x + C_2, y(0) = 1, C_2 = \dfrac{1}{2}$，故 $y = \sqrt{1+x}.$

12. $\dfrac{\pi}{2}$

【解法一】

$F(x,y)=x^2+y^2-1$，L 的单位外法向量

$$\overrightarrow{n^0}=\dfrac{\overrightarrow{n}}{|\overrightarrow{n}|}=\{x,y\}=\{\cos\alpha,\sin\alpha\}$$

$$\dfrac{\partial u}{\partial x}=\dfrac{1}{3}x^3,\dfrac{\partial u}{\partial y}=\dfrac{1}{3}y^3,\dfrac{\partial u}{\partial\overrightarrow{n}}=\dfrac{1}{3}x^3\cos\alpha+\dfrac{1}{3}y^3\sin\alpha$$

故 $I=\oint_L\dfrac{\partial u}{\partial\overrightarrow{n}}\mathrm{d}s=\oint_L\dfrac{1}{3}(x^4+y^4)\mathrm{d}s,L:x^2+y^2=1.$

令 $\begin{cases}x=\cos t\\y=\sin t\end{cases}(0\leqslant t\leqslant2\pi),\mathrm{d}s=\sqrt{(x'_t)^2+(y'_t)^2}\,\mathrm{d}t=\mathrm{d}t$

$$I=\dfrac{1}{3}\int_0^{2\pi}(\cos^4t+\sin^4t)\,\mathrm{d}t=\dfrac{2}{3}\int_0^{2\pi}\sin^4t\,\mathrm{d}t=\dfrac{8}{3}\int_0^{\frac{\pi}{2}}\sin^4t\,\mathrm{d}t=\dfrac{8}{3}\cdot\dfrac{1}{2}\cdot\dfrac{3}{4}\cdot\dfrac{\pi}{2}=\dfrac{\pi}{2}.$$

【解法二】

设 L 为逆时针方向(正向)，对应的单位切向量为

$$\overrightarrow{\tau}=\{\cos\alpha,\sin\alpha\},\quad\begin{cases}\cos\alpha\,\mathrm{d}s=\mathrm{d}x\\\sin\alpha\,\mathrm{d}s=\mathrm{d}y\end{cases}$$

单位外法向量 $\overrightarrow{n^0}=\{\cos(\alpha-90°),\sin(\alpha-90°)\}=\{\sin\alpha,-\cos\alpha\}$

$$\dfrac{\partial u}{\partial\overrightarrow{n}}=\dfrac{1}{3}x^3\sin\alpha-\dfrac{1}{3}y^3\cos\alpha$$

$$I=\oint_L\dfrac{1}{3}x^3\mathrm{d}y-\dfrac{1}{3}y^3\mathrm{d}x=\dfrac{1}{3}\oint_L-y^3\mathrm{d}x+x^3\mathrm{d}y$$

$$\xlongequal{\text{格林公式}}\dfrac{1}{3}\iint\limits_{x^2+y^2\leqslant1}(3x^2+3y^2)\,\mathrm{d}x\,\mathrm{d}y=\dfrac{\pi}{2}.$$

13. $\left(1-\dfrac{1}{3}\pi^2\right)+\displaystyle\sum_{n=1}^{\infty}(-1)^{n-1}\dfrac{4}{n^2}\cos(nx)(-\infty<x<+\infty)$

【解】 $f(x)=\dfrac{a_0}{2}+\displaystyle\sum_{n=1}^{\infty}a_n\cos(nx)$，把 $f(x)$ 延拓成 $[-\pi,\pi]$ 上的偶函数

$$a_0=\dfrac{1}{\pi}\int_{-\pi}^{\pi}f(x)\mathrm{d}x=\dfrac{2}{\pi}\int_0^{\pi}(1-x^2)\mathrm{d}x=\dfrac{2}{\pi}\left(\pi-\dfrac{1}{3}\pi^3\right)=2-\dfrac{2}{3}\pi^2$$

$$a_n=\dfrac{2}{\pi}\int_0^{\pi}(1-x^2)\cos(nx)\mathrm{d}x=\dfrac{2}{\pi}\int_0^{\pi}(1-x^2)\mathrm{d}\left(\dfrac{\sin(nx)}{n}\right)$$

$$=\dfrac{2}{\pi}\left[(1-x^2)\dfrac{\sin(nx)}{n}\Big|_0^{\pi}+\int_0^{\pi}\dfrac{\sin(nx)}{n}2x\,\mathrm{d}x\right]=\dfrac{4}{n\pi}\int_0^{\pi}x\sin(nx)\mathrm{d}x$$

$$=-\dfrac{4}{n\pi}\int_0^{\pi}x\,\mathrm{d}\left(\dfrac{\cos(nx)}{n}\right)=(-1)^{n-1}\dfrac{4}{n^2}$$

故 $1 - x^2 = \left(1 - \frac{1}{3}\pi^2\right) + \sum_{n=1}^{\infty} (-1)^{n-1} \frac{4}{n^2}\cos(nx)\ (-\infty < x < +\infty)$.

14. $\frac{\pi}{8}(e^2 - 1)$

【解】 D_1:由 $x = \ln y$,$x = 1$ 及 $1 \leqslant y \leqslant e$ 围成,D_2 由 $0 \leqslant x \leqslant 1$,$0 \leqslant y \leqslant 1$ 围成,如图所示

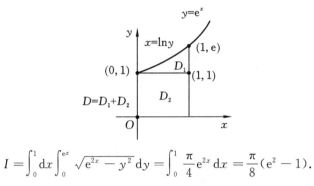

$$I = \int_0^1 \mathrm{d}x \int_0^{e^x} \sqrt{e^{2x} - y^2}\, \mathrm{d}y = \int_0^1 \frac{\pi}{4}e^{2x}\, \mathrm{d}x = \frac{\pi}{8}(e^2 - 1).$$

15. 32

【解】 $Z = \frac{(X-1)^2}{4} \sim \chi^2(1)$,$E(Z) = 1$,$D(Z) = 2$

$D(X^2 - 2X) = D(X^2 - 2X + 1) = D[(X-1)^2] = D(4Z) = 16D(Z) = 32$.

16. $x_1 x_2 x_3 x_4 + a(x_2 x_3 x_4 + x_1 x_3 x_4 + x_1 x_2 x_4 + x_1 x_2 x_3)$

【解法一】

$$\boldsymbol{D} = \begin{pmatrix} x_1 & 0 & 0 & 0 \\ 0 & x_2 & 0 & 0 \\ 0 & 0 & x_3 & 0 \\ 0 & 0 & 0 & x_4 \end{pmatrix} + \begin{pmatrix} a & a & a & a \\ a & a & a & a \\ a & a & a & a \\ a & a & a & a \end{pmatrix} = \boldsymbol{B} + \boldsymbol{C} = \boldsymbol{B} + a \begin{pmatrix} 1 \\ 1 \\ 1 \\ 1 \end{pmatrix} (1\quad 1\quad 1\quad 1)$$

$$\boldsymbol{B} = \begin{pmatrix} x_1 & 0 & 0 & 0 \\ 0 & x_2 & 0 & 0 \\ 0 & 0 & x_3 & 0 \\ 0 & 0 & 0 & x \end{pmatrix}, \quad \boldsymbol{C} = \begin{pmatrix} a & a & a & a \\ a & a & a & a \\ a & a & a & a \end{pmatrix}$$

设 $x_i \neq 0\,(i = 1,2,3,4)$,记 $\boldsymbol{\beta} = (1\quad 1\quad 1\quad 1)^{\mathrm{T}}$,$\boldsymbol{D} = \boldsymbol{B}(\boldsymbol{E} + a\boldsymbol{B}^{-1}\boldsymbol{\beta\beta}^{\mathrm{T}})$

$$\Rightarrow |\boldsymbol{D}| = |\boldsymbol{B}||\boldsymbol{E} + a(\boldsymbol{B}^{-1}\boldsymbol{\beta})\boldsymbol{\beta}^{\mathrm{T}}| = x_1 x_2 x_3 x_4 \left(1 + \sum_{i=1}^{4} \frac{a}{x_i}\right)$$

$$= x_1 x_2 x_3 x_4 + a(x_2 x_3 x_4 + x_1 x_3 x_4 + x_1 x_2 x_4 + x_1 x_2 x_3)$$

对某个 $x_i = 0$,上式也成立.

【解法二】

加边法.

$$D = \begin{vmatrix} 1 & a & a & a & a \\ 0 & x_1+a & a & a & a \\ 0 & a & x_2+a & a & a \\ 0 & a & a & x_3+a & a \\ 0 & a & a & a & x_4+a \end{vmatrix} = \begin{vmatrix} 1 & a & a & a & a \\ -1 & x_1 & 0 & 0 & 0 \\ -1 & 0 & x_2 & 0 & 0 \\ -1 & 0 & 0 & x_3 & 0 \\ -1 & 0 & 0 & 0 & x_4 \end{vmatrix}$$

$$= \begin{vmatrix} 1+\dfrac{a}{x_1}+\dfrac{a}{x_2}+\dfrac{a}{x_3}+\dfrac{a}{x_4} & a & a & a & a \\ 0 & x_1 & 0 & 0 & 0 \\ 0 & 0 & x_2 & 0 & 0 \\ 0 & 0 & 0 & x_3 & 0 \\ 0 & 0 & 0 & 0 & x_4 \end{vmatrix} = x_1 x_2 x_3 x_4 \left(1 + a\sum_{i=1}^{4} \dfrac{1}{x_i}\right).$$

【解法三】

$$D = |\boldsymbol{\alpha}+\boldsymbol{\alpha}_1, \boldsymbol{\alpha}+\boldsymbol{\alpha}_2, \boldsymbol{\alpha}+\boldsymbol{\alpha}_3, \boldsymbol{\alpha}+\boldsymbol{\alpha}_4|,$$

$$\boldsymbol{\alpha} = \begin{pmatrix} a \\ a \\ a \\ a \end{pmatrix}, \boldsymbol{\alpha}_1 = \begin{pmatrix} x_1 \\ 0 \\ 0 \\ 0 \end{pmatrix}, \boldsymbol{\alpha}_2 = \begin{pmatrix} 0 \\ x_2 \\ 0 \\ 0 \end{pmatrix}, \boldsymbol{\alpha}_3 = \begin{pmatrix} 0 \\ 0 \\ x_3 \\ 0 \end{pmatrix}, \boldsymbol{\alpha}_4 = \begin{pmatrix} 0 \\ 0 \\ 0 \\ x_4 \end{pmatrix}$$

$$D = |\boldsymbol{\alpha}, \boldsymbol{\alpha}+\boldsymbol{\alpha}_2, \boldsymbol{\alpha}+\boldsymbol{\alpha}_3, \boldsymbol{\alpha}+\boldsymbol{\alpha}_4| + |\boldsymbol{\alpha}_1, \boldsymbol{\alpha}+\boldsymbol{\alpha}_2, \boldsymbol{\alpha}+\boldsymbol{\alpha}_3, \boldsymbol{\alpha}+\boldsymbol{\alpha}_4|$$

$$= |\boldsymbol{\alpha}, \boldsymbol{\alpha}_2, \boldsymbol{\alpha}_3, \boldsymbol{\alpha}_4| + |\boldsymbol{\alpha}_1, \boldsymbol{\alpha}, \boldsymbol{\alpha}_3, \boldsymbol{\alpha}_4| + |\boldsymbol{\alpha}_1, \boldsymbol{\alpha}_2, \boldsymbol{\alpha}, \boldsymbol{\alpha}_4|$$

$$+ |\boldsymbol{\alpha}_1, \boldsymbol{\alpha}_2, \boldsymbol{\alpha}_3, \boldsymbol{\alpha}| + |\boldsymbol{\alpha}_1, \boldsymbol{\alpha}_2, \boldsymbol{\alpha}_3, \boldsymbol{\alpha}_4|$$

$$= a(x_2 x_3 x_4 + x_1 x_3 x_4 + x_1 x_2 x_4 + x_1 x_2 x_3) + x_1 x_2 x_3 x_4.$$

三、解答题:17～22 小题,共 70 分.解答应写出文字说明、证明过程或演算步骤.

17.【解】 令幂级数 $S(x) = x + \displaystyle\sum_{n=1}^{\infty} \frac{(-1)^{n+1} x^{2n+1}}{2n-1} - \sum_{n=1}^{\infty} (-1)^{n+1} \frac{1}{2n+1} x^{2n+1}$

$$= x + x^2 \sum_{n=1}^{\infty} (-1)^{n-1} \frac{x^{2n-1}}{2n-1} + \sum_{n=1}^{\infty} (-1)^n \frac{x^{2n+1}}{2n+1}$$

$$= (x^2+1)\arctan x, \quad x \in [-1,1].$$

故收敛域 $x \in [-1,1]$,和函数 $S(x) = (x^2+1)\arctan x$.

18.【解】 本题不能用 Gauss 公式.曲面 $\Sigma: \dfrac{x^2}{a^2} + \dfrac{y^2}{b^2} + \dfrac{z^2}{c^2} = 1$ 的外法向量

$$\vec{n} = \left\{ \frac{x}{a^2}, \frac{y}{b^2}, \frac{z}{c^2} \right\}$$

$$\vec{n^0} = \frac{\vec{n}}{|\vec{n}|} = \{\cos\alpha, \cos\beta, \cos\gamma\}$$

依据
$$\begin{cases}\cos\alpha\, dS = dy\, dz\\\cos\beta\, dS = dx\, dz\\\cos\gamma\, dS = dx\, dy\end{cases} \Rightarrow dy\, dz = \dfrac{\cos\alpha}{\cos\gamma}dx\, dy,\ dx\, dz = \dfrac{\cos\beta}{\cos\gamma}dx\, dy$$

$$I = \iint\limits_{\Sigma}\left(\frac{1}{x}\frac{c^2}{a^2}\frac{x}{z} + \frac{1}{y}\frac{c^2}{b^2}\frac{y}{z} + \frac{1}{z}\right)dx\, dy = \iint\limits_{\Sigma_1 + \Sigma_2}\left(\frac{c^2}{a^2} + \frac{c^2}{b^2} + 1\right)\frac{1}{z}dx\, dy$$

$\Sigma_1 : z = c\sqrt{1 - \dfrac{x^2}{a^2} - \dfrac{y^2}{b^2}}$ 上侧,$\Sigma_2 : z = -c\sqrt{1 - \dfrac{x^2}{a^2} - \dfrac{y^2}{b^2}}$ 下侧

$$I = \left(\frac{c^2}{a^2} + \frac{c^2}{b^2} + 1\right)\cdot 2\iint\limits_{\frac{x^2}{a^2}+\frac{y^2}{b^2}\leqslant 1}\frac{1}{c\sqrt{1 - \dfrac{x^2}{a^2} - \dfrac{y^2}{b^2}}}dx\, dy$$

$$= 2\left(\frac{c}{a^2} + \frac{c}{b^2} + \frac{1}{c}\right)\int_0^{2\pi}d\theta\int_0^1\frac{1}{\sqrt{1 - r^2}}ab\, r\, dr$$

$$= 4\pi abc\left(\frac{1}{a^2} + \frac{1}{b^2} + \frac{1}{c^2}\right).$$

19.【解】 L 如图所示

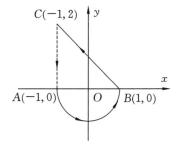

$$P = \frac{-y}{4x^2 + y^2},\ Q = \frac{x}{4x^2 + y^2},\ \frac{\partial P}{\partial y} = \frac{\partial Q}{\partial x} = \frac{y^2 - 4x^2}{(4x^2 + y^2)^2}$$

选 $L_1 : 4x^2 + y^2 = \varepsilon^2$（$\varepsilon$ 为充分小正数，方向如图所示）

$$I = \int_{\widehat{AB} + \overline{BC} + \overline{CA}}P\, dx + Q\, dy - \int_{\overline{CA}}P\, dx + Q\, dy$$

$$= \oint_{L_1}P\, dx + Q\, dy - \int_2^0\frac{-dy}{4 + y^2} = \frac{1}{\varepsilon^2}\oint_{L_1} -y\, dx + x\, dy - \int_0^2\frac{dy}{4 + y^2}$$

$$= \frac{1}{\varepsilon^2}\iint\limits_{4x^2 + y^2\leqslant \varepsilon^2}2\, dx\, dy - \frac{1}{2}\arctan\frac{y}{2}\Big|_0^2 = \frac{7}{8}\pi.$$

20.【解法一】

观察法.过程略.

【解法二】

原方程变形为 $(2x - 1)(y'' - y') - 2(y' - y) = -2x^2 + 2x - 2$

令 $z = y' - y$，对应齐次方程 $z' - \dfrac{2}{2x-1}z = 0 \Leftrightarrow \left(\dfrac{1}{2x-1}z\right)' = 0$

$$\dfrac{1}{2x-1}z = C_0 \Rightarrow y' - y = C_0(2x-1)$$

$$\Rightarrow y\mathrm{e}^{-x} = \int C_0(2x-1)\mathrm{e}^{-x}\,\mathrm{d}x = C_1(1+2x)\mathrm{e}^{-x} + C_2$$

故齐次方程通解为 $y = C_1(1+2x) + C_2\mathrm{e}^x$.

注意: $\displaystyle\int(ax+b)\mathrm{e}^x\,\mathrm{d}x = \mathrm{e}^x(ax+b-a) + C$,

$\displaystyle\int(ax+b)\mathrm{e}^{-x}\,\mathrm{d}x = -\mathrm{e}^{-x}(ax+b+a) + C$（背熟）.

一般来说, $\displaystyle\int P(x)\mathrm{e}^x\,\mathrm{d}x = \mathrm{e}^x[p(x) - p'(x) + p''(x) - p'''(x) + \cdots] + C$

$\displaystyle\int P(x)\mathrm{e}^{-x}\,\mathrm{d}x = -\mathrm{e}^{-x}[p(x) + p'(x) + p''(x) + p'''(x) + \cdots] + C$

非齐次方程: $z' - \dfrac{2}{2x-1}z = \dfrac{-2x^2 + 2x - 2}{2x-1}$，求其特解 y^*

$$\left(\dfrac{1}{2x-1}z\right)' = \dfrac{-2x^2 + 2x - 2}{(2x-1)^2},$$

$$\dfrac{1}{2x-1}z = \int \dfrac{-2x^2 + 2x - 2}{(2x-1)^2}\,\mathrm{d}x$$

$$= \int\left[-\dfrac{1}{2} - \dfrac{3}{2}\dfrac{1}{(2x-1)^2}\right]\mathrm{d}x = -\dfrac{1}{2}x + \dfrac{3}{4}\dfrac{1}{2x-1}$$

$$y' - y = -\dfrac{2x-1}{2}x + \dfrac{3}{4},$$

$$\mathrm{e}^{-x}y = \int\left(-x^2 + \dfrac{1}{2}x + \dfrac{3}{4}\right)\mathrm{e}^{-x}\,\mathrm{d}x$$

$$= -\mathrm{e}^{-x}\left(-x^2 + \dfrac{1}{2}x + \dfrac{3}{4} - 2x + \dfrac{1}{2} - 2\right) = \mathrm{e}^{-x}\left(x^2 + \dfrac{3}{2}x + \dfrac{3}{4}\right)$$

特解 $y^* = x^2 + \dfrac{3}{4}(2x+1)$

故 $(2x-1)y'' - (2x+1)y' + 2y = -2x^2 + 2x - 2$ 的通解为 $y = C_1(2x+1) + C_2\mathrm{e}^x + x^2$.

【解法三】

设齐次方程的另一特解 $y = C(x)\mathrm{e}^x$，则

$y' = C'(x)\mathrm{e}^x + C(x)\mathrm{e}^x, y'' = C(x)\mathrm{e}^x + 2C'(x)\mathrm{e}^x + C''(x)\mathrm{e}^x$

代入原方程并整理, 得 $\dfrac{C''(x)}{C'(x)} = -1 + \dfrac{2}{2x-1}$

$\ln C'(x) = -x + \ln(2x-1) \Rightarrow C'(x) = (2x-1)\mathrm{e}^{-x}$

$$\Rightarrow C(x) = \int(2x-1)\mathrm{e}^{-x} = -(1+2x)\mathrm{e}^{-x}$$

故所求齐次方程另一特解为 $y=-(1+2x)$，所求通解为 $y=C_1(1+2x)+C_2\mathrm{e}^x$.

21.【解】 (1) X 的密度函数为 $f_X(x)=\begin{cases}\mathrm{e}^{-x}, & x>0\\ 0, & \text{其他}\end{cases}$，$Y=\begin{cases}1, & X<1\\ X, & X>1\end{cases}$

$$1=\int_0^{+\infty}\mathrm{e}^{-x}\,\mathrm{d}x=\int_0^1\mathrm{e}^{-x}\,\mathrm{d}x+\int_1^{+\infty}\mathrm{e}^{-x}\,\mathrm{d}x=(1-\mathrm{e}^{-1})+\int_1^{+\infty}\mathrm{e}^{-y}\,\mathrm{d}y$$

当 $y<1$ 时，$F_Y(y)=0$；当 $1\leqslant y$ 时，$F_Y(y)=1-\mathrm{e}^{-1}+\int_1^y\mathrm{e}^{-y}\,\mathrm{d}y=1-\mathrm{e}^{-y}$

$$F_Y(y)=\begin{cases}0, & y<1\\ 1-\mathrm{e}^{-y}, & 1\leqslant y\end{cases}.$$

(2) $E(Y)=P(1>X)+\int_1^{+\infty}x\mathrm{e}^{-x}\,\mathrm{d}x=1-\mathrm{e}^{-1}+2\mathrm{e}^{-1}=1+\mathrm{e}^{-1}$

或 $E(Y)=\int_0^{+\infty}[1-F(y)]\,\mathrm{d}y=\int_0^1 1\,\mathrm{d}y+\int_1^{+\infty}\mathrm{e}^{-y}\,\mathrm{d}y=1+\mathrm{e}^{-1}$.

注：Y 为非负随机变量，则

$$E(Y)=\int_0^{+\infty}[1-F_Y(y)]\,\mathrm{d}y,\quad E(Y^2)=2\int_0^{+\infty}y[1-F_Y(y)]\,\mathrm{d}y$$

其中 $F_Y(y)$ 为 Y 的分布函数.

22. (1)【证明】 $\boldsymbol{\alpha}_1,\boldsymbol{\alpha}_2$ 分别为 $\boldsymbol{A}$ 的特征值 $-1,1$ 的特征向量

故 $\boldsymbol{\alpha}_1,\boldsymbol{\alpha}_2$ 线性无关且 $\boldsymbol{A\alpha}_1=-\boldsymbol{\alpha}_1,\boldsymbol{A\alpha}_2=\boldsymbol{\alpha}_2$

设 $k_1\boldsymbol{\alpha}_1+k_2\boldsymbol{\alpha}_2+k_3\boldsymbol{\alpha}_3=0$ $\cdots\cdots\cdots\cdots\cdots\cdots\cdots\cdots\cdots\cdots\cdots\cdots\cdots\cdots$ （Ⅰ）

两边左乘 $\boldsymbol{A}$，得 $k_1\boldsymbol{A\alpha}_1+k_2\boldsymbol{A\alpha}_2+k_3\boldsymbol{A\alpha}_3=0$

$-k_1\boldsymbol{\alpha}_1+k_2\boldsymbol{\alpha}_2+k_3(\boldsymbol{\alpha}_2+\boldsymbol{\alpha}_3)=0\Rightarrow -k_1\boldsymbol{\alpha}_1+(k_2+k_3)\boldsymbol{\alpha}_2+k_3\boldsymbol{\alpha}_3=0$ $\cdots\cdots$ （Ⅱ）

（Ⅰ）$-$（Ⅱ），得 $2k_1\boldsymbol{\alpha}_1-k_3\boldsymbol{\alpha}_2=0$

$\boldsymbol{\alpha}_1,\boldsymbol{\alpha}_2$ 线性无关 $\Rightarrow k_1=k_3=0$，代入（Ⅰ）中 $\Rightarrow k_2=0$，故 $\boldsymbol{\alpha}_1,\boldsymbol{\alpha}_2,\boldsymbol{\alpha}_3$ 线性无关.

(2)【解】 $\boldsymbol{P}=(\boldsymbol{\alpha}_1,\boldsymbol{\alpha}_2,\boldsymbol{\alpha}_3)$，

$\boldsymbol{AP}=\boldsymbol{A}(\boldsymbol{\alpha}_1,\boldsymbol{\alpha}_2,\boldsymbol{\alpha}_3)=(\boldsymbol{A\alpha}_1,\boldsymbol{A\alpha}_2,\boldsymbol{A\alpha}_3)$

$$=(-\boldsymbol{\alpha}_1,\boldsymbol{\alpha}_2,\boldsymbol{\alpha}_2+\boldsymbol{\alpha}_3)=(\boldsymbol{\alpha}_1,\boldsymbol{\alpha}_2,\boldsymbol{\alpha}_3)\begin{pmatrix}-1 & 0 & 0\\ 0 & 1 & 1\\ 0 & 0 & 1\end{pmatrix}$$

$$\Leftrightarrow \boldsymbol{P}^{-1}\boldsymbol{AP}=\begin{pmatrix}-1 & 0 & 0\\ 0 & 1 & 1\\ 0 & 0 & 1\end{pmatrix}.$$

数学模拟试题四参考答案

一、选择题:1 ~ 10 小题,每小题 5 分,共 50 分.下列每题给出的四个选项中,只有一个选项是最符合题目要求的.

1. 选 D

【解】 ① 正确,$\lim\limits_{n \to \infty} \dfrac{a_{n+1}}{a_n} = q > 1 \Rightarrow \lim\limits_{n \to \infty} \left| \dfrac{a_{n+1}}{a_n} \right| = q > 1 \Rightarrow |a_n|$ 单调递增 $\Rightarrow \lim\limits_{n \to \infty} a_n \neq$

0,故 $\sum\limits_{n=1}^{\infty} a_n$ 发散;

② 不正确,如 $a_n = (-1)^n$,$a_{2n-1} + a_{2n} = 0$,$\sum\limits_{n=1}^{\infty} (a_{2n-1} + a_{2n})$ 收敛,$\sum\limits_{n=1}^{\infty} a_n$ 发散;

③ 不正确,如 $a_n = \dfrac{1}{n}$,$\dfrac{a_{n+1}}{a_n} = \dfrac{n}{n+1} < 1$,但 $\sum\limits_{n=1}^{\infty} a_n$ 发散;

④ 正确,用反证法,设 $\lim\limits_{n \to \infty} n a_n = \lim\limits_{n \to \infty} \dfrac{a_n}{\dfrac{1}{n}} = A \neq 0$

当 $A > 0$,n 充分大时,$a_n > 0$,$\sum\limits_{n=1}^{\infty} \dfrac{1}{n}$ 发散 $\Rightarrow \sum\limits_{n=1}^{\infty} a_n$ 发散

当 $A < 0$,n 充分大时,$a_n < 0$,$\lim\limits_{n \to \infty} \dfrac{-a_n}{\dfrac{1}{n}} = -A > 0$,$\sum\limits_{n=1}^{\infty} \dfrac{1}{n}$ 发散 $\Rightarrow -\sum\limits_{n=1}^{\infty} a_n$ 发散

因此,无论 $A > 0$,$A < 0$,$\sum\limits_{n=1}^{\infty} a_n$ 都发散,这与 $\sum\limits_{n=1}^{\infty} a_n$ 收敛矛盾,故 $\lim\limits_{n \to \infty} n a_n = 0$;

⑤ 正确,$\sum\limits_{n=1}^{\infty} a_n$ 收敛 $\Rightarrow \lim\limits_{n \to \infty} a_n = 0$,又 a_n 单调递减,故 $a_n \geqslant 0$

设 $S_n = a_1 + a_2 + \cdots + a_n$,则 $S_{2n} - S_n = a_{n+1} + a_{n+2} + \cdots + a_{2n} \to 0$

$0 \leqslant n a_{2n} \leqslant a_{n+1} + a_{n+2} + \cdots + a_{2n} \Rightarrow \lim\limits_{n \to \infty} 2 n a_{2n} = 0$

$n a_{2n} \geqslant n a_{2n+1} \geqslant 0$,$(2n+1) a_{2n+1} = 2 n a_{2n+1} + a_{2n+1} \to 0$,故 $\lim\limits_{n \to \infty} n a_n = 0$.

2. 选 D

【解】 $(x+1)^{\frac{1}{n}} - x^{\frac{1}{n}} = \dfrac{1}{n} (x + \theta(x))^{-1 + \frac{1}{n}}$

$n x^{\frac{1}{n}} \left[\left(1 + \dfrac{1}{x} \right)^{\frac{1}{n}} - 1 \right] = x^{\frac{1}{n} - 1} \left[1 + \dfrac{\theta(x)}{x} \right]^{-1 + \frac{1}{n}}$

$\Leftrightarrow n x \left[\left(1 + \dfrac{1}{x} \right)^{\frac{1}{n}} - 1 \right] = \left(1 + \dfrac{\theta(x)}{x} \right)^{-1 + \frac{1}{n}}$

$$\Leftrightarrow nx\left[\left(1+\frac{1}{x}\right)^{\frac{1}{n}}-1\right]-1=\left[\left(1+\frac{\theta(x)}{x}\right)^{-1+\frac{1}{n}}-1\right]$$

$$\Leftrightarrow nx^2\left[\left(1+\frac{1}{x}\right)^{\frac{1}{n}}-1-\frac{1}{nx}\right]=x\left[\left(1+\frac{\theta(x)}{x}\right)^{-1+\frac{1}{n}}-1\right]$$

令 $x\to+\infty$,

$$左边极限=\lim_{x\to+\infty}nx^2\frac{\dfrac{1}{n}\left(\dfrac{1}{n}-1\right)}{2}\left(\frac{1}{x}\right)^2=\frac{1}{2}\left(\frac{1}{n}-1\right)$$

$$右边极限=\lim_{x\to+\infty}x\left(\frac{1}{n}-1\right)\frac{\theta(x)}{x}=\lim_{x\to+\infty}\left(\frac{1}{n}-1\right)\theta(x)=\left(\frac{1}{n}-1\right)\lim_{x\to+\infty}\theta(x)$$

故 $\lim\limits_{x\to+\infty}\theta(x)=\dfrac{1}{2}$.

3. 选 B

【解】 $y''+by'+cy=0$ 对应的特征方程为 $\lambda^2+b\lambda+c=0$

设 λ_1,λ_2 为特征根,则 $\begin{cases}\lambda_1+\lambda_2=-b<0\\\lambda_1\lambda_2=c>0\end{cases}$

$\Rightarrow\lambda_1<0,\lambda_2<0$

或 $\lambda_1=\alpha+\mathrm{i}\beta,\lambda_2=\alpha-\mathrm{i}\beta,\alpha<0$

当 $\lambda_1<0,\lambda_2<0$ 时,齐次方程的通解 $y=C_1\mathrm{e}^{\lambda_1x}+C_2\mathrm{e}^{\lambda_2x}$, $\lim\limits_{x\to+\infty}y=0$,与 $y(0)$, $y'(0),b,c$ 都无关

当 $\lambda_{1,2}=\alpha\pm\mathrm{i}\beta(\alpha<0)$,齐次方程的通解 $y=\mathrm{e}^{\alpha x}(C_1\cos(\beta x)+C_2\sin(\beta x))$, $\lim\limits_{x\to+\infty}y=0$,与 $y(0),y'(0),b,c$ 都无关.

4. 选 D

【解】

$$3x-4\sin x+\frac{1}{2}\sin(2x)$$

$$=3x-4\left[x-\frac{1}{3!}x^3+\frac{1}{5!}x^5+o(x^5)\right]+\frac{1}{2}\left[2x-\frac{(2x)^3}{3!}+\frac{(2x)^5}{5!}+o(x^5)\right]$$

$$=\frac{1}{10}x^5+o(x^5)\sim\frac{1}{10}x^5,n=5.$$

5. 选 D

【解】 $r(\boldsymbol{A})=r(\boldsymbol{B})$,其中 $\boldsymbol{B}=\begin{pmatrix}2 & 1 & -3 & 2 & \lambda\\ 2 & -3 & 1 & -1 & \lambda^2\\ 2 & -1 & -1 & u & \lambda^3\end{pmatrix}$

对 **B** 作初等变换，

$$\boldsymbol{B} \to \begin{pmatrix} 2 & 1 & -3 & 2 & \lambda \\ 0 & -4 & 4 & -3 & \lambda^2 - \lambda \\ 0 & -2 & 2 & u-2 & \lambda^3 - \lambda \end{pmatrix} \to \begin{pmatrix} 2 & 1 & -3 & 2 & \lambda \\ 0 & -2 & 2 & u-2 & \lambda^3 - \lambda \\ 0 & 0 & 0 & -2u+1 & -2\lambda^3 + \lambda^2 + \lambda \end{pmatrix}$$

当 $u = \dfrac{1}{2}$ 且 $-2\lambda^3 + \lambda^2 + \lambda = 0$，即 $u = \dfrac{1}{2}$，且 $\lambda = 0$ 或 $\lambda = 1$ 或 $\lambda = -\dfrac{1}{2}$ 时，

$r(\boldsymbol{A}) = r(\boldsymbol{B}) = 2$

当 $u \ne \dfrac{1}{2}$，λ 任意，$r(\boldsymbol{A}) = r(\boldsymbol{B}) = 3$

当 $\lambda \ne 1$ 且 $\lambda \ne 0$ 且 $\lambda \ne -\dfrac{1}{2}$ 时，u 为任意实数，$r(\boldsymbol{A}) = r(\boldsymbol{B}) = 3$

综上所述，$r(\boldsymbol{A})$ 与 λ，u 取值有关，且 $2 \leqslant r(\boldsymbol{A}) \leqslant 3$.

6. 选 A

【解】 $\boldsymbol{A}$ 为对称正交阵 $\Rightarrow \boldsymbol{A}$ 的特征值为 1 或 -1

又 $\mathrm{tr}(\boldsymbol{A}) = 2 \Rightarrow \boldsymbol{A}$ 的特征值为 $\lambda_1 = \lambda_2 = \lambda_3 = 1$，$\lambda_4 = -1$

故二次型 f 的标准型为 $y_1^2 + y_2^2 + y_3^2 - y_4^2$.

7. 选 A

【解】 直线 l_1：$\dfrac{x-a_3}{a_1-a_2} = \dfrac{y-b_3}{b_1-b_2} = \dfrac{z-c_3}{c_1-c_2}$，$\vec{s_1} = \{a_1-a_2, b_1-b_2, c_1-c_2\}$，$l_1$ 过点

$P_1(a_3, b_3, c_3)$.

直线 l_2：$\dfrac{x-a_1}{a_2-a_3} = \dfrac{y-b_1}{b_2-b_3} = \dfrac{z-c_1}{c_2-c_3}$，$\vec{s_2} = \{a_2-a_3, b_2-b_3, c_2-c_3\}$，$l_2$ 过点

$P_2(a_1, b_1, c_1)$.

考虑行列式

$$\begin{vmatrix} \overrightarrow{P_2 P_1} \\ \vec{s_1} \\ \vec{s_2} \end{vmatrix} = \begin{vmatrix} a_3-a_1 & b_3-b_1 & c_3-c_1 \\ a_1-a_2 & b_1-b_2 & c_1-c_2 \\ a_2-a_3 & b_2-b_3 & c_2-c_3 \end{vmatrix} = \begin{vmatrix} a_3-a_2 & b_3-b_2 & c_3-c_2 \\ a_1-a_2 & b_1-b_2 & c_1-c_2 \\ a_2-a_3 & b_2-b_3 & c_2-c_3 \end{vmatrix} = 0$$

$\Rightarrow l_1, l_2$ 共面

又 $r \begin{pmatrix} a_1 & b_1 & c_1 \\ a_2 & b_2 & c_2 \\ a_3 & b_3 & c_3 \end{pmatrix} = r \begin{pmatrix} a_1-a_2 & b_1-b_2 & c_1-c_2 \\ a_2 & b_2 & c_2 \\ a_3-a_2 & b_3-b_2 & c_3-c_2 \end{pmatrix} = 3$

$\vec{s_1}, \vec{s_2}$ 不平行，故 l_1 与 l_2 为不平行的相交直线，故相交于一点.

8. 选 B

【解】 用"$X=k$"表示在试验成功 2 次前已经失败 k 次，则

$$P(X=k)=C_{k+1}^1 p (1-p)^k p=(k+1)p^2 (1-p)^k$$

$$\Rightarrow P(X=3)=C_4^1 p^2 (1-p)^3=4p^2 (1-p)^3.$$

注：若"$X=k$"表示试验成功 r 次前已失败 k 次，则

$$P(X=k)=C_{k+r-1}^k (1-p)^k p^r, k=0,1,2,3,\cdots$$

若"$Y=k$"表示试验到第 r 次成功为止的总次数，则

$$P(Y=k)=C_{k-1}^{r-1} (1-p)^{k-r} p^r, k=r,r+1,r+2,\cdots$$

以上两种均称为负二项分布，其中

$$E(Y)=\frac{r}{p}, D(Y)=\frac{rq}{p^2}, q=1-p, E(X)=\frac{r}{p}-r, D(X)=\frac{rq}{p^2}.$$

9. 选 C

【解】 $2\lambda X_i \sim \chi^2(2)$，即 $\lambda=\dfrac{1}{2}$ 的指数分布

$$Y_1=\frac{X_2}{X_1}=\frac{2\lambda X_2}{2\lambda X_1}\sim F(2,2), Y_2=\frac{X_1+X_2}{X_3+X_4}=\frac{\dfrac{(2\lambda X_1+2\lambda X_2)}{4}}{\dfrac{(2\lambda X_3+2\lambda X_4)}{4}}\sim F(4,4)$$

$$Y_3=\frac{1}{1+\dfrac{X_2}{X_1}}=\frac{1}{1+Y_1}, Y_1\sim F(2,2)$$

Y_1 的密度函数为

$$f_{Y_1}(x)=\begin{cases} \dfrac{1}{(1+x)^2}, & x>0 \\ 0, & \text{其他} \end{cases} \Rightarrow 1=\int_0^{+\infty}\frac{\mathrm{d}x}{(1+x)^2}\xlongequal{y=\frac{1}{1+x}}\int_0^1 1\mathrm{d}y$$

故 Y_3 服从 $[0,1]$ 上的均匀分布.

10. 选 B

【解】 用"$X=k$"表示试验到成功与失败均出现为止，$k=2,3,\cdots$

$$P(X=k)=p^{k-1}q+q^{k-1}p(k=2,3,4,\cdots), q=1-p$$

$$E(X)=\Big(\sum_{k=1}^{\infty}kp^{k-1}q-q\Big)+\Big(\sum_{k=1}^{\infty}kq^{k-1}p-p\Big)=\frac{1}{p}+\frac{1}{q}-1=\frac{1}{p}+\frac{1}{1-p}-1.$$

二、填空题：11 ～ 16 小题，每小题 5 分，共 30 分.

11. $\dfrac{4}{3}\pi, \pi$

【解】 由积分中值定理知，$\exists (\xi,\eta,\theta)\in\Omega$，使得

$$\iiint\limits_{\Omega} e^{x+y+z}\cos(xyz)\,dV = e^{\xi+\eta+\theta}\cos(\xi\eta\theta)\cdot\frac{4}{3}\pi r^3 ,\text{其中 } \Omega : x^2+y^2+z^2 \leqslant r^2 .$$

由于 $\xi^2+\eta^2+\theta^2 \leqslant r^2 , r\to 0^+ \Rightarrow (\xi,\eta,\theta)\to(0,0,0)$

因此 $\displaystyle\lim_{r\to 0^+}\frac{1}{r^3}\iiint\limits_{\Omega} e^{x+y+z}\cos(xyz)\,dV = \frac{4}{3}\pi$,同理 $\displaystyle\lim_{r\to 0^+}\frac{1}{r^2}\iint\limits_{x^2+y^2\leqslant r^2} e^{x+y}\cos(xy)\,dx\,dy = \pi .$

12. $x^2\sin y + x^3 y + \dfrac{1}{3}y^3 = C$

【解】 $(2x\sin y\,dx + x^2\cos y\,dy) + (3x^2 y\,dx + x^3\,dy) + y^2\,dy = 0$

$\mathrm{d}(x^2\sin y) + \mathrm{d}(x^3 y) + \mathrm{d}\left(\dfrac{y^3}{3}\right) = 0$

$\mathrm{d}\left(x^2\sin y + x^3 y + \dfrac{y^3}{3}\right) = \mathrm{d}(C) \Leftrightarrow x^2\sin y + x^3 y + \dfrac{1}{3}y^3 = C .$

13. $y = x - 1$

【解】 $\begin{cases} x = r\cos\theta = e^{\theta}\cos\theta \\ y = r\sin\theta = e^{\theta}\sin\theta \end{cases}$

$k = \dfrac{\mathrm{d}y}{\mathrm{d}x} = \dfrac{y'_{\theta}}{x'_{\theta}} = \dfrac{e^{\theta}\sin\theta + e^{\theta}\cos\theta}{e^{\theta}\cos\theta - e^{\theta}\sin\theta} = \dfrac{1+\tan\theta}{1-\tan\theta} = 1, \tan\theta = 0, \theta = 0,$ 对应点 $(1,0)$

切线方程为 $y = x - 1 .$

14. π

【解】 令 $\dfrac{x-1}{2} = \sin^2 t \left(0\leqslant t\leqslant \dfrac{\pi}{2}\right), x-1 = 2\sin^2 t ,$ 则

$3 - x = 2\cos^2 t , \mathrm{d}x = 4\sin t\cos t\,\mathrm{d}t$

$\displaystyle\int_1^3 \frac{\mathrm{d}x}{\sqrt{(x-1)(3-x)}} = \int_0^{\frac{\pi}{2}} 2\,\mathrm{d}t = \pi$ 或 $\displaystyle\int_1^3 \frac{\mathrm{d}x}{\sqrt{(x-1)(3-x)}} = 2\arcsin\sqrt{\frac{x-1}{2}}\ \Big|_1^3 = \pi .$

注: $\displaystyle\int_a^b \frac{\mathrm{d}x}{\sqrt{(x-a)(b-x)}} = \int_a^b \frac{\mathrm{d}x}{\sqrt{(x-a)[(b-a)-(x-a)]}}$

$\displaystyle = \int_a^b \frac{1}{\sqrt{1-\dfrac{x-a}{b-a}}}\frac{1}{\sqrt{x-a}}\frac{1}{\sqrt{b-a}}\,\mathrm{d}x = 2\int_a^b \frac{1}{\sqrt{1-\left(\sqrt{\dfrac{x-a}{b-a}}\right)^2}}\,\mathrm{d}\left(\sqrt{\dfrac{x-a}{b-a}}\right)$

$\displaystyle = 2\arcsin\sqrt{\frac{x-a}{b-a}}\ \Big|_a^b = \pi .$

15. $2y^2 f(xy)$

【解】 $u(x,y) = \displaystyle\int_0^{xy}(xy-t)f(t)\,\mathrm{d}t + \int_{xy}^1 (t-xy)f(t)\,\mathrm{d}t$

$$= xy\int_0^{xy}f(t)\,\mathrm{d}t - \int_0^{xy}tf(t)\,\mathrm{d}t + \int_{xy}^1 tf(t)\,\mathrm{d}t - xy\int_{xy}^1 f(t)\,\mathrm{d}t$$

$$\frac{\partial u}{\partial x} = y\int_0^{xy}f(t)\,\mathrm{d}t - y\int_{xy}^1 f(t)\,\mathrm{d}t,\quad \frac{\partial^2 u}{\partial x^2} = 2y^2 f(xy).$$

16. $\dfrac{11}{12}$

【解】 X,Y 均服从 $[0,1]$ 上的均匀分布,方程 $t^2 + Xt + Y = 0$ 有实根的充要条件是 $\Delta = X^2 - 4Y \geqslant 0$,即 $X^2 \geqslant 4Y$,如图所示

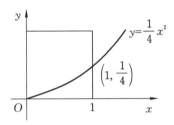

$$P(X^2 \geqslant 4Y) = \int_0^1 \mathrm{d}x\int_0^{\frac{1}{4}x^2}1\mathrm{d}y = \frac{1}{12}$$

$\therefore$ 方程 $t^2 + Xt + Y = 0$ 无实根的概率为 $\dfrac{11}{12}$.

三、解答题:17 ~ 22 小题,共 70 分.解答应写出文字说明、证明过程或演算步骤.

17.【解】 $a_0 = \dfrac{1}{\pi}\displaystyle\int_{-\pi}^{\pi}f(x)\,\mathrm{d}x = \dfrac{2}{\pi}\int_0^{\pi}x(\pi - x)\,\mathrm{d}x = \dfrac{1}{3}\pi^2$

$$a_n = \frac{1}{\pi}\int_{-\pi}^{\pi}f(x)\cos(nx)\,\mathrm{d}x$$

$$= \frac{2}{\pi}\int_0^{\pi}(\pi x - x^2)\cos(nx)\,\mathrm{d}x \xrightarrow{nx=t} \frac{2}{\pi n}\int_0^{n\pi}\left(\pi\frac{1}{n}t - \frac{1}{n^2}t^2\right)\cos t\,\mathrm{d}t$$

$$p(t) = \frac{\pi}{n}t - \frac{1}{n^2}t^2,\ p'(t) = \frac{\pi}{n} - \frac{2t}{n^2},\ p''(t) = \frac{-2}{n^2},\ p'''(0) = 0$$

$$\therefore a_n = \frac{2}{n\pi}\left[(p(t) - p''(t))\sin t\,\Big|_0^{n\pi} + (p'(t) - p'''(t))\cos t\,\Big|_0^{n\pi}\right]$$

$$= -\frac{2}{n^2}(1 + (-1)^n) = \begin{cases} -\dfrac{4}{n^2}, & n\ \text{为偶数} \\[2mm] 0, & n\ \text{为奇数} \end{cases}$$

$\therefore f(x) = x(\pi - x) = \dfrac{\pi^2}{6} - \displaystyle\sum_{n=1}^{\infty}\frac{1}{n^2}\cos(2nx)\ (0 \leqslant x \leqslant \pi)$

令 $x = \dfrac{\pi}{2}$,代入 $f(x)$ 中,得 $\dfrac{\pi^2}{4} = \dfrac{\pi^2}{6} - \displaystyle\sum_{n=1}^{\infty}\frac{1}{n^2}(-1)^n$,即 $\displaystyle\sum_{n=1}^{\infty}\frac{(-1)^{n-1}}{n^2} = \frac{\pi^2}{12}$.

18.【证明】 $f(x)=\dfrac{1}{1-x-x^2}\Leftrightarrow y(1-x-x^2)=1$

左右两边同时对 x 求 n 次导,得

$$C_n^0(1-x-x^2)y^{(n)}+C_n^1(-1-2x)y^{(n-1)}+C_n^2(-2)y^{(n-2)}=0$$

令 $x=0$,得

$$y^{(n)}(0)-ny^{(n-1)}(0)-n(n-1)y^{(n-2)}(0)=0,y(0)=1,y'(0)=1$$

$$\frac{y^{(n)}(0)}{n!}=\frac{y^{(n-1)}(0)}{(n-1)!}+\frac{y^{(n-2)}(0)}{(n-2)!}(n\geqslant 2)$$

令 $a_n=\dfrac{n!}{f^{(n)}(0)}$,则

$$\frac{1}{a_n}=\frac{1}{a_{n-1}}+\frac{1}{a_{n-2}},a_0=1,a_1=1$$

$$\Leftrightarrow\frac{a_{n-1}}{a_n}=1+\frac{a_{n-1}}{a_{n-2}},令\ T_n=\frac{a_{n-1}}{a_n},T_n=1+\frac{1}{T_{n-1}},T_1=1,q=\frac{1+\sqrt{5}}{2},q=1+\frac{1}{q}$$

$$|T_n-q|=\left|\left(1+\frac{1}{T_{n-1}}\right)-\left(1+\frac{1}{q}\right)\right|=\left|\frac{1}{T_{n-1}}-\frac{1}{q}\right|=\left|\frac{T_{n-1}-q}{qT_{n-1}}\right|\leqslant\frac{1}{q}|T_{n-1}-q|$$

即 $|T_n-q|\leqslant\dfrac{1}{q}|T_{n-1}-q|\Rightarrow\lim\limits_{n\to\infty}T_n=q$

所以 $\lim\limits_{n\to\infty}\dfrac{a_n}{a_{n-1}}=\dfrac{1}{q}<1$,由正项级数的比值判别法知 $\sum\limits_{n=0}^{\infty}\dfrac{n!}{f^{(n)}(0)}$ 收敛.

19.【证明】 (1) $f(x)\dfrac{b-a}{(x-a)(x-b)}=f(x)\left(\dfrac{1}{x-b}-\dfrac{1}{x-a}\right)$

$$=\frac{f(x)-f(b)}{x-b}-\frac{f(x)-f(a)}{x-a}$$

$$\xrightarrow[\exists \xi_1\in(a,x),\xi_2\in(x,b)]{\text{由拉格朗日中值定理}}f'(\xi_2)-f'(\xi_1)\Rightarrow\left|f(x)\frac{b-a}{(x-a)(x-b)}\right|$$

$$=|f'(\xi_1)-f'(\xi_2)|=\left|\int_{\xi_1}^{\xi_2}f''(x)\mathrm{d}x\right|\leqslant\int_{\xi_1}^{\xi_2}|f''(x)|\mathrm{d}x\leqslant\int_a^b|f''(x)|\mathrm{d}x.$$

(2) $|f(x)|$ 在 $[a,b]$ 上连续 $\Rightarrow|f(x)|$ 在 $[a,b]$ 上存在最大值点 $x=c$

令 $g(x)=(x-a)(b-x),x\in[a,b]$,则

$$g'(x)=-2x+(a+b),令\ g'(x)=0,x_0=\frac{a+b}{2},又\ g''(x)=-2<0$$

所以 $x_0=\dfrac{a+b}{2}$ 为 $g(x)$ 的最大值点,即 $g(x)$ 的最大值为 $g\left(\dfrac{a+b}{2}\right)=\dfrac{(b-a)^2}{4}$

$$\Rightarrow\left|f(c)\frac{b-a}{(c-a)(c-b)}\right|\geqslant|f(c)|\frac{4}{b-a}$$

而由(1) $\left| f(c) \dfrac{b-a}{(c-a)(c-b)} \right| \leqslant \displaystyle\int_a^b |f''(x)| \,\mathrm{d}x$ 知,

$$\max_{x \in [a,b]} |f(x)| \frac{4}{b-a} \leqslant \int_a^b |f''(x)| \,\mathrm{d}x.$$

20.【解】

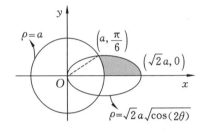

$$\begin{cases} x^2 + y^2 = a^2 \\ (x^2 + y^2)^2 = 2a^2(x^2 - y^2) \end{cases} \Leftrightarrow \begin{cases} \rho = a \\ \theta = \dfrac{\pi}{6} \end{cases}$$

记 D 由 $(x^2 + y^2)^2 = 2a^2(x^2 - y^2)$, $x^2 + y^2 \geqslant a^2$, $x \geqslant 0$, $y \geqslant 0$ 围成,如上图所示.
所求阴影区域面积 S 为

$$S = 4\iint\limits_D 1\mathrm{d}x\,\mathrm{d}y = 4\left[\int_0^{\frac{\pi}{6}} \mathrm{d}\theta \int_0^{\sqrt{2}a\sqrt{\cos(2\theta)}} r\,\mathrm{d}r - \frac{a^2}{2} \times \frac{\pi}{6} \right]$$

$$= 4\left[a^2 \int_0^{\frac{\pi}{6}} \cos(2\theta)\mathrm{d}\theta - \frac{\pi}{12}a^2 \right] = a^2\left(\sqrt{3} - \frac{\pi}{3} \right).$$

21.【解】 (1) 总体 X 的密度函数和分布函数分别为

$$f_X(x) = \begin{cases} \dfrac{1}{\theta}, & 0 \leqslant x \leqslant \theta \\ 0, & \text{其他} \end{cases}, F_X(x) = \begin{cases} 0, & x \leqslant 0 \\ \dfrac{x}{\theta}, & 0 < x < \theta \\ 1, & x \geqslant \theta \end{cases}$$

Z_n, Z_m 的分布函数分别为 $F_{Z_n}(x) = F_X^n(x)$, $F_{Z_m}(x) = F_X^m(x)$

对应的密度函数为 $f_{Z_n}(x) = nF_X^{n-1}(x)f_X(x) = \begin{cases} n\left(\dfrac{x}{\theta}\right)^{n-1} \dfrac{1}{\theta}, & 0 < x < \theta \\ 0, & \text{其他} \end{cases}$,

$$f_{Z_m}(x) = \begin{cases} \dfrac{m}{\theta^m}x^{m-1}, & 0 < x < \theta \\ 0, & \text{其他} \end{cases}$$

Z_n, Z_m 相互独立,(Z_n, Z_m) 的联合密度函数为

$$f(x,y) = \begin{cases} \dfrac{mn}{\theta^{m+n}} x^{n-1} y^{m-1}, & 0 < x, y < \theta \\ 0, & \text{其他} \end{cases}$$

则 $U = \dfrac{Z_m}{Z_n}$ 的密度函数为 $f_U(u) = \displaystyle\int_{-\infty}^{+\infty} f(x, xu) |x| \, \mathrm{d}x$

$f(x, xu) = \dfrac{mn}{\theta^{m+n}} x^{m+n-2} u^{m-1}$ 当且仅当满足不等式 $\begin{cases} 0 < x < \theta \\ 0 < xu < \theta \end{cases} \Leftrightarrow \begin{cases} 0 < x < \theta \\ 0 < x < \dfrac{\theta}{u} \end{cases}$

当 $0 < u < 1$ 时，$0 < x < \theta$，$f_U(u) = \displaystyle\int_0^{\theta} \dfrac{mn}{\theta^{m+n}} x^{m+n-1} u^{m-1} \mathrm{d}x = \dfrac{mn}{m+n} u^{m-1}$

当 $u \geqslant 1$ 时，$0 < x < \dfrac{\theta}{u}$，$f_U(u) = \displaystyle\int_0^{\frac{\theta}{u}} \dfrac{mn}{\theta^{m+n}} x^{m+n-1} u^{m-1} \mathrm{d}x = \dfrac{mn}{m+n} u^{-n-1}$

即 $f_U(u) = \begin{cases} \dfrac{mn}{m+n} u^{m-1}, & 0 < u < 1 \\ \dfrac{mn}{m+n} u^{-n-1}, & 1 \leqslant u \end{cases}$.

（2）设 $X_{(k)}$ 的分布函数为 $G(x)$，对应的密度函数为 $g(x)$

$$G(x) = P(X_{(k)} \leqslant x) = \sum_{j=k}^{n} C_n^j \left(\dfrac{x}{\theta}\right)^j \left(1 - \dfrac{x}{\theta}\right)^{n-j} = 1 - \sum_{j=0}^{k-1} C_n^j \left(\dfrac{x}{\theta}\right)^j \left(1 - \dfrac{x}{\theta}\right)^{n-j}$$

$$= 1 - \left(1 - \dfrac{x}{\theta}\right)^n - \sum_{j=1}^{k-1} C_n^j \left(\dfrac{x}{\theta}\right)^j \left(1 - \dfrac{x}{\theta}\right)^{n-j}$$

$$g(x) = G'(x) = \dfrac{n}{\theta}\left(1 - \dfrac{x}{\theta}\right)^{n-1} - \sum_{j=1}^{k-1}\left[C_n^j j \dfrac{1}{\theta}\left(\dfrac{x}{\theta}\right)^{j-1}\left(1 - \dfrac{x}{\theta}\right)^{n-j}\right.$$

$$\left. - \dfrac{1}{\theta} C_n^j (n-j)\left(\dfrac{x}{\theta}\right)^j \left(1 - \dfrac{x}{\theta}\right)^{n-j-1}\right]$$

$$= \dfrac{n}{\theta}\left(1 - \dfrac{x}{\theta}\right)^{n-1} - \sum_{j=1}^{k-1} \dfrac{n}{\theta} C_{n-1}^{j-1}\left(\dfrac{x}{\theta}\right)^{j-1}\left(1 - \dfrac{x}{\theta}\right)^{n-j}$$

$$+ \sum_{j=1}^{k-1} \dfrac{n}{\theta} C_{n-1}^{j}\left(\dfrac{x}{\theta}\right)^{j}\left(1 - \dfrac{x}{\theta}\right)^{n-j-1}$$

$$= - \sum_{j=2}^{k-1} \dfrac{n}{\theta} C_{n-1}^{j-1}\left(\dfrac{x}{\theta}\right)^{j-1}\left(1 - \dfrac{x}{\theta}\right)^{n-j} + \sum_{j=2}^{k} \dfrac{n}{\theta} C_{n-1}^{j-1}\left(\dfrac{x}{\theta}\right)^{j-1}\left(1 - \dfrac{x}{\theta}\right)^{n-j}$$

$$= \dfrac{n}{\theta} C_{n-1}^{k-1}\left(\dfrac{x}{\theta}\right)^{k-1}\left(1 - \dfrac{x}{\theta}\right)^{n-k} \quad (0 < x < \theta)$$

即 $X_{(k)}$ 的密度函数 $g(x) = \begin{cases} \dfrac{n}{\theta} C_{n-1}^{k-1}\left(\dfrac{x}{\theta}\right)^{k-1}\left(1 - \dfrac{x}{\theta}\right)^{n-k}, & 0 < x < \theta \\ 0, & \text{其他} \end{cases}$

$X_{(1)}, X_{(2)}, \cdots, X_{(n)}$ 把区间 $[0, \theta]$ 分成 $(n+1)$ 段，这 $(n+1)$ 段区间长度同分布，因此，对 $k = 1, 2, \cdots, n$，$X_{(k)} - X_{(k-1)}$ 同分布

记 $X_{(1)}=\min(X_1,X_2,\cdots,X_n)$ 的分布函数为 $H(x)$,对应的密度函数为 $h(x)$,

则 $H(x)=1-[1-F_X(x)]^n$

$X_{(1)}$ 的密度函数为:

$$h(x)=H'(x)=n[1-F_X(x)]^{n-1}f_X(x)=\begin{cases}\dfrac{n}{\theta}\left(1-\dfrac{x}{\theta}\right)^{n-1}, & 0<x<\theta\\0, & \text{其他}\end{cases}.$$

也就是 $X_{(k)}-X_{(k-1)}$ 的密度函数.

22.【解】 $A\sim B\Rightarrow \operatorname{tr}(A)=a-3=\operatorname{tr}(B)=2,a=5$

$$f_B(\lambda)=|\lambda E-B|=\begin{vmatrix}\lambda-1 & 0 & -2\\ 0 & \lambda-2 & 0\\ 0 & -4 & \lambda+1\end{vmatrix}=(\lambda-1)(\lambda+1)(\lambda-2)=0$$

B 的特征值 $\lambda_1=-1,\lambda_2=1,\lambda_3=2$.

$$f_A(\lambda)=|\lambda E-A|=\begin{vmatrix}\lambda-5 & -b & -c\\ 3 & \lambda-3 & 1\\ 15 & -8 & \lambda+6\end{vmatrix}$$

$$=(\lambda-5)(\lambda-3)(\lambda+6)-15b+24c+15c(\lambda-3)+8(\lambda-5)+3b(\lambda+6)=0$$

$f_A(\lambda_1)=f_A(-1)=0,c=2;f_A(\lambda_2)=f_A(1)=0,b=-2$.

对于 A:

当 $\lambda=-1$ 时,$(-E-A)=\begin{pmatrix}-6 & 2 & -2\\ 3 & -4 & 1\\ 15 & -8 & 5\end{pmatrix}\rightarrow\begin{pmatrix}0 & -6 & 0\\ 3 & -4 & 1\\ 0 & 12 & 0\end{pmatrix}\rightarrow\begin{pmatrix}0 & 1 & 0\\ 3 & -4 & 1\\ 0 & 0 & 0\end{pmatrix}$

$\begin{cases}x_2=0\\3x_1-4x_2+x_3=0\end{cases}$,得特征向量 $X_1=\begin{pmatrix}-1\\0\\3\end{pmatrix}$.

当 $\lambda=1$ 时,

$E-A=\begin{pmatrix}-4 & 2 & -2\\ 3 & -2 & 1\\ 15 & -8 & 7\end{pmatrix}\rightarrow\begin{pmatrix}-1 & 0 & -1\\ 3 & -2 & 1\\ 15 & -8 & 7\end{pmatrix}\rightarrow\begin{pmatrix}-1 & 0 & -1\\ 0 & -2 & -2\\ 0 & -8 & -8\end{pmatrix}\rightarrow\begin{pmatrix}1 & 0 & 1\\ 0 & 1 & 1\\ 0 & 0 & 0\end{pmatrix}$

$\begin{cases}x_1+x_3=0\\x_2+x_3=0\end{cases}$,得 $X_2=\begin{pmatrix}1\\1\\-1\end{pmatrix}$.

当 $\lambda=2$ 时,$2E-A=\begin{pmatrix}-3 & 2 & -2\\ 3 & -1 & 1\\ 15 & -8 & 8\end{pmatrix}\rightarrow\begin{pmatrix}0 & 1 & -1\\ 3 & -1 & 1\\ 0 & -3 & 3\end{pmatrix}\rightarrow\begin{pmatrix}0 & 1 & -1\\ 3 & -1 & 1\\ 0 & 0 & 0\end{pmatrix}$

$$\begin{cases} x_2 - x_3 = 0 \\ 3x_1 - x_2 + x_3 = 0 \end{cases}, \boldsymbol{X}_3 = \begin{pmatrix} 0 \\ 1 \\ 1 \end{pmatrix}.$$

令 $\boldsymbol{P}_1 = \begin{pmatrix} -1 & 1 & 0 \\ 0 & 1 & 1 \\ 3 & -1 & 1 \end{pmatrix}$, 使得 $\boldsymbol{P}_1^{-1} \boldsymbol{A} \boldsymbol{P}_1 = \begin{pmatrix} -1 & 0 & 0 \\ 0 & 1 & 0 \\ 0 & 0 & 2 \end{pmatrix}.$

对于 $\boldsymbol{B}$:

当 $\lambda = -1$ 时, $-\boldsymbol{E} - \boldsymbol{B} = \begin{pmatrix} -2 & 0 & -2 \\ 0 & -3 & 0 \\ 0 & -4 & 0 \end{pmatrix} \rightarrow \begin{pmatrix} 1 & 0 & 1 \\ 0 & 1 & 0 \\ 0 & 0 & 0 \end{pmatrix}$

$(-\boldsymbol{E} - \boldsymbol{B})\boldsymbol{X} = \boldsymbol{0} \Leftrightarrow \begin{cases} x_1 + x_3 = 0 \\ x_2 = 0 \end{cases}$, 得 $\boldsymbol{\alpha}_1 = \begin{pmatrix} 1 \\ 0 \\ -1 \end{pmatrix}.$

当 $\lambda = 1$ 时, $\boldsymbol{E} - \boldsymbol{B} = \begin{pmatrix} 0 & 0 & -2 \\ 0 & -1 & 0 \\ 0 & -4 & 2 \end{pmatrix} \rightarrow \begin{pmatrix} 0 & 0 & 1 \\ 0 & 1 & 0 \\ 0 & -4 & 2 \end{pmatrix}$

$(\boldsymbol{E} - \boldsymbol{B})\boldsymbol{X} = \boldsymbol{0} \Leftrightarrow \begin{cases} x_1 \text{ 任意} \\ x_2 = 0 \\ x_3 = 0 \end{cases}$, 得 $\boldsymbol{\alpha}_2 = \begin{pmatrix} 1 \\ 0 \\ 0 \end{pmatrix}.$

当 $\lambda = 2$ 时, $2\boldsymbol{E} - \boldsymbol{B} = \begin{pmatrix} 1 & 0 & -2 \\ 0 & 0 & 0 \\ 0 & -4 & 3 \end{pmatrix}$

$(2\boldsymbol{E} - \boldsymbol{B})\boldsymbol{X} = \boldsymbol{0} \Leftrightarrow \begin{cases} x_1 - 2x_3 = 0 \\ -4x_2 + 3x_3 = 0 \end{cases}$, 得 $\boldsymbol{\alpha}_3 = \begin{pmatrix} 8 \\ 3 \\ 4 \end{pmatrix}.$

令 $\boldsymbol{P}_2 = \begin{pmatrix} 1 & 1 & 8 \\ 0 & 0 & 3 \\ -1 & 0 & 4 \end{pmatrix}$, 则 $\boldsymbol{P}_2^{-1} \boldsymbol{B} \boldsymbol{P}_2 = \begin{pmatrix} -1 & 0 & 0 \\ 0 & 1 & 0 \\ 0 & 0 & 2 \end{pmatrix}.$

故 $\boldsymbol{P}_1^{-1} \boldsymbol{A} \boldsymbol{P}_1 = \boldsymbol{P}_2^{-1} \boldsymbol{B} \boldsymbol{P}_2 \Leftrightarrow \boldsymbol{P}_2 \boldsymbol{P}_1^{-1} \boldsymbol{A} \boldsymbol{P}_1 \boldsymbol{P}_2^{-1} = \boldsymbol{B}$

取 $\boldsymbol{P} = \boldsymbol{P}_1 \boldsymbol{P}_2^{-1} = \begin{pmatrix} -1 & 1 & 0 \\ 0 & 1 & 1 \\ 3 & -1 & 1 \end{pmatrix} \begin{pmatrix} 0 & \dfrac{4}{3} & -1 \\ 1 & -4 & 1 \\ 0 & \dfrac{1}{3} & 0 \end{pmatrix} = \begin{pmatrix} 1 & -\dfrac{16}{3} & 2 \\ 1 & -\dfrac{11}{3} & 1 \\ -1 & \dfrac{25}{3} & -4 \end{pmatrix}.$

数学模拟试题五参考答案

一、选择题:1 ~ 10 小题,每小题 5 分,共 50 分.下列每题给出的四个选项中,只有一个选项是最符合题目要求的.

1. 选 D

【解】 $f(x)$ 在 $(-\infty, +\infty)$ 上连续,故 $f(x)$ 必存在原函数 $F(x)$

$$F(x) = \int f(x)\mathrm{d}x = \begin{cases} (x-1)^2 + C_1, & x < 1 \\ x\ln x - x + C_2, & x \geqslant 1 \end{cases}$$

$F(x)$ 在 $x=1$ 处连续,$\lim\limits_{x \to 1^+} F(x) = -1 + C_2 = \lim\limits_{x \to 1^-} F(x) = C_1, C_2 = C_1 + 1$

即 $f(x)$ 全部的原函数 $F(x) = \begin{cases} (x-1)^2 + C, & x < 1 \\ x\ln x - x + C + 1, & x \geqslant 1 \end{cases}$.

2. 选 D

【解】 $\lim\limits_{n \to \infty} \sum\limits_{j=1}^{n} \sum\limits_{i=1}^{n} \dfrac{n}{(n+i)(n^2+j^2)} = \lim\limits_{n \to \infty} \sum\limits_{j=1}^{n} \sum\limits_{i=1}^{n} \dfrac{1}{n^2} \dfrac{1}{\left(1+\dfrac{i}{n}\right)\left[1+\left(\dfrac{j}{n}\right)^2\right]}$

$$= \iint\limits_{D} \dfrac{1}{(1+x)(1+y^2)} \mathrm{d}x\,\mathrm{d}y$$

其中,$D: \begin{cases} 0 \leqslant x \leqslant 1 \\ 0 \leqslant y \leqslant 1 \end{cases}$.

注意:根据二重积分定义,$\lim\limits_{n \to \infty} \sum\limits_{j=1}^{n} \sum\limits_{i=1}^{n} \dfrac{1}{n^2} f\left(\dfrac{i}{n}, \dfrac{j}{n}\right) = \int_0^1 \int_0^1 f(x,y)\mathrm{d}x\,\mathrm{d}y$.

3. 选 C

【解】 $x = \pi$ 为 $f(x)$ 的第一类跳跃间断点,$F(x) = \displaystyle\int_0^x f(t)\mathrm{d}t$ 在 $x = \pi$ 处连续,但在 $x = \pi$ 处却不可导.

4. 选 C

【解】 $\displaystyle\sum_{n=1}^{\infty}\left[\dfrac{2n^2+an+2}{(2n+1)(n+b)} - b + \sin\dfrac{1}{n} - c\ln\left(1-\dfrac{1}{n}\right)\right]$ 收敛

$\Rightarrow \lim\limits_{n \to \infty}\left[\dfrac{2n^2+an+2}{(2n+1)(n+b)} - b + \sin\dfrac{1}{n} - c\ln\left(1-\dfrac{1}{n}\right)\right] = 0$,故 $b = 1$.

记 $a_n = \dfrac{2n^2 + na + 2}{(2n+1)(n+1)} - 1 + \sin\dfrac{1}{n} - c\ln\left(1 - \dfrac{1}{n}\right)$

$= \dfrac{(a-3)n+1}{2n^2+3n+1} + \dfrac{1}{n} - \dfrac{1}{3!}\dfrac{1}{n^3} + o\left(\dfrac{1}{n^3}\right) - c\left[-\dfrac{1}{n} - \dfrac{1}{2}\dfrac{1}{n^2} + o\left(\dfrac{1}{n^2}\right)\right]$

$= \left(\dfrac{a-3}{2} + 1 + c\right)\dfrac{1}{n} + o\left(\dfrac{1}{n^2}\right)$

$\displaystyle\sum_{n=1}^{\infty} a_n$ 收敛 $\Rightarrow \dfrac{a-3}{2} + 1 + c = 0$，即 $a + 2c = 1, b = 1$.

5. 选 C

【解】 A 有 n 个不同的特征值

故存在可逆阵 P，使得 $P^{-1}AP = \begin{pmatrix} \lambda_1 & 0 & \cdots & 0 \\ 0 & \lambda_2 & \cdots & 0 \\ \vdots & \vdots & & \vdots \\ 0 & 0 & \cdots & \lambda_n \end{pmatrix}$，$\lambda_1, \lambda_2, \cdots, \lambda_n$ 互不相同

$AB = BA \Leftrightarrow (P^{-1}AP)(P^{-1}BP) = (P^{-1}BP)(P^{-1}AP)$

$\begin{pmatrix} \lambda_1 & 0 & \cdots & 0 \\ 0 & \lambda_2 & \cdots & 0 \\ \vdots & \vdots & & \vdots \\ 0 & 0 & \cdots & \lambda_n \end{pmatrix}(P^{-1}BP) = (P^{-1}BP)\begin{pmatrix} \lambda_1 & 0 & \cdots & 0 \\ 0 & \lambda_2 & \cdots & 0 \\ \vdots & \vdots & & \vdots \\ 0 & 0 & \cdots & \lambda_n \end{pmatrix}$

$\lambda_1, \lambda_2, \cdots, \lambda_n$ 互不相同 $\Rightarrow P^{-1}BP$ 必为对角阵

即 $P^{-1}BP = \begin{pmatrix} u_1 & 0 & \cdots & 0 \\ 0 & u_2 & \cdots & 0 \\ \vdots & \vdots & & \vdots \\ 0 & 0 & \cdots & u_n \end{pmatrix}$ 的形式

又由于 $\lambda_1, \lambda_2, \cdots, \lambda_n$ 互不相同

所以 $\lambda_1, \lambda_2, \cdots, \lambda_n$ 中至多有一个零 $\Rightarrow r(A) = r\begin{pmatrix} \lambda_1 & 0 & \cdots & 0 \\ 0 & \lambda_2 & \cdots & 0 \\ \vdots & \vdots & & \vdots \\ 0 & 0 & \cdots & \lambda_n \end{pmatrix}$，$\lambda_1, \lambda_2, \cdots, \lambda_n$ 中

非零个数为 n 或 $n-1$.

故 ③ 正确.

对于 ④，若 A, B 都是正定阵，$\exists$ 可逆阵 C，使 $A = CC^{\mathrm{T}}$

$C^{-1}(AB)C = (C^{-1}C)C^{\mathrm{T}}BC = C^{\mathrm{T}}BC$，且 $(AB)^{\mathrm{T}} = B^{\mathrm{T}}A^{\mathrm{T}} = BA = AB \Rightarrow AB$ 也为正定阵，

结论正确.

①② 也正确，故选 C.

6. 选 C

【解】 $r(A)=3$ 且 $\boldsymbol{\alpha}_1+\boldsymbol{\alpha}_3=\boldsymbol{0}\Rightarrow r(\boldsymbol{\alpha}_1,\boldsymbol{\alpha}_2,\boldsymbol{\alpha}_4)=r(\boldsymbol{\alpha}_2,\boldsymbol{\alpha}_3,\boldsymbol{\alpha}_4)=3,r(A^*)=1$

故齐次线性方程组 $A^*X=\boldsymbol{0}$ 的基础解系个数为 $3,A^*\boldsymbol{\alpha}_i=\boldsymbol{0}(i=1,2,3,4)$.

①$\boldsymbol{\alpha}_1,\boldsymbol{\alpha}_2,\boldsymbol{\alpha}_3$ 线性相关,不是基础解系.

②$(\boldsymbol{\alpha}_1+\boldsymbol{\alpha}_2,\boldsymbol{\alpha}_2+\boldsymbol{\alpha}_4,\boldsymbol{\alpha}_4+\boldsymbol{\alpha}_1)=(\boldsymbol{\alpha}_1,\boldsymbol{\alpha}_2,\boldsymbol{\alpha}_4)\begin{pmatrix}1&0&1\\1&1&0\\0&1&1\end{pmatrix}$

$\begin{vmatrix}1&0&1\\1&1&0\\0&1&1\end{vmatrix}=\begin{vmatrix}1&0&1\\0&1&-1\\0&1&1\end{vmatrix}=2\neq0,\boldsymbol{\alpha}_1+\boldsymbol{\alpha}_2,\boldsymbol{\alpha}_2+\boldsymbol{\alpha}_4,\boldsymbol{\alpha}_4+\boldsymbol{\alpha}_1$ 线性无关且

$A^*(\boldsymbol{\alpha}_i+\boldsymbol{\alpha}_j)=\boldsymbol{0}$

故 $\boldsymbol{\alpha}_1+\boldsymbol{\alpha}_2,\boldsymbol{\alpha}_2+\boldsymbol{\alpha}_4,\boldsymbol{\alpha}_4+\boldsymbol{\alpha}_1$ 为 $A^*X=\boldsymbol{0}$ 的基础解系.

③ 四个向量构成的向量组不是 $A^*X=\boldsymbol{0}$ 的基础解系

④ $r(\boldsymbol{\alpha}_2,\boldsymbol{\alpha}_3,\boldsymbol{\alpha}_4)=3$,且 $A^*\boldsymbol{\alpha}_2=A^*\boldsymbol{\alpha}_3=A^*\boldsymbol{\alpha}_4=\boldsymbol{0},\boldsymbol{\alpha}_2,\boldsymbol{\alpha}_3,\boldsymbol{\alpha}_4$ 为 $A^*X=\boldsymbol{0}$ 的基础解系.

⑤ $\boldsymbol{\alpha}_1,\boldsymbol{\alpha}_2,\boldsymbol{\alpha}_4$ 线性无关且都为方程 $A^*X=\boldsymbol{0}$ 的解,故也是 $A^*X=\boldsymbol{0}$ 的基础解系.

7. 选 B

【解】 A 的特征多项式 $f_A(\lambda)=|\lambda E-A|=(\lambda-1)(\lambda^2+1)=\lambda^3-\lambda^2+\lambda-1$

$\Rightarrow A^3-A^2+A-E=0$

设 $\lambda^{100}=g(\lambda)(\lambda^3-\lambda^2+\lambda-1)+a\lambda^2+b\lambda+c$,其中 a,b,c 为常数

分别把 $\lambda=1,\mathrm{i},-\mathrm{i}$ 代入,得

$\begin{cases}a+b+c=1\\-a+b\mathrm{i}+c=1\\-a-b\mathrm{i}+c=1\end{cases}$,解之,得 $\begin{cases}a=0\\b=0\\c=1\end{cases}$,故 $A^{100}=E,f(A)=A+E$

$A^3-A^2+A=E\Rightarrow(A^3+A^2)-2(A^2+A)+3(A+E)=4E$

$\Rightarrow(A+E)\dfrac{(A^2-2A+3E)}{4}=E$

$\Rightarrow(A+E)^{-1}=\dfrac{1}{4}(A^2-2A+3E)=\begin{pmatrix}\dfrac{3}{4}&\dfrac{1}{4}&-\dfrac{1}{4}\\-\dfrac{1}{2}&\dfrac{1}{2}&\dfrac{1}{2}\\\dfrac{1}{4}&-\dfrac{1}{4}&\dfrac{1}{4}\end{pmatrix}.$

8. 选 B

【解】 X 的密度函数 $f_X(x)$ 为 $f_X(x) = \begin{cases} 1, & -\dfrac{1}{2} \leqslant x \leqslant \dfrac{1}{2} \\ 0, & \text{其他} \end{cases}$

$$\Rightarrow 1 = \int_{-\frac{1}{2}}^{\frac{1}{2}} 1 \mathrm{d}x = \int_{-\frac{1}{2}}^{0} 1 \mathrm{d}x + \int_{0}^{\frac{1}{2}} 1 \mathrm{d}x = \frac{1}{2} + \int_{-\infty}^{-\ln 2} \mathrm{e}^y \mathrm{d}y \left(\int_{0}^{\frac{1}{2}} 1 \mathrm{d}x \xrightarrow{x = \mathrm{e}^y} \int_{-\infty}^{-\ln 2} \mathrm{e}^y \mathrm{d}y \right)$$

故 $Y = g(X)$ 的分布函数 $F_Y(y)$ 为 $F_Y(y) = \begin{cases} \int_{-\infty}^{y} \mathrm{e}^y \mathrm{d}y = \mathrm{e}^y, & y < -\ln 2 \\ \dfrac{1}{2}, & -\ln 2 \leqslant y < 0 \\ 1, & 0 \leqslant y \end{cases}$,只有

一个间断点 $y = 0$.

9. 选 B

【解】 ① 独立性不满足传递性.

如样本空间 $\Omega = \{W_1, W_2, W_3, W_4\}$, $P(W_i) = \dfrac{1}{4}$, $i = 1, 2, 3, 4$, $A = \{W_1, W_2\}$,

$B = \{W_1, W_3\}$, $C = \{W_1, W_2\}$.

易知 A, B 独立, B, C 独立,但 A, C 不独立.

② 不成立,如 $A = C = \{W_1, W_2\}$, $D = \{W_1\}$, $B = \{W_1, W_3\}$, $C \subset A$, $D \subset B$,但 C, D
不独立.

③$P((A \bigcup B)C) = P(AC \bigcup BC) = P(AC) + P(BC) - P(ABC)$

$\qquad\qquad = P(A)P(C) + P(B)P(C) - P(ABC)$

$\qquad\qquad = [P(A) + P(B) - P(A)P(B)] P(C) = P(A \bigcup B)P(C)$

结论成立.

同理,易证 $AB, A - B$ 与 C 独立.

④ $A \bigcup B$ 与 A 独立 $\Leftrightarrow P[(A \bigcup B) \bigcap A] = P(AA \bigcup BA) = P(A)$

$\qquad\qquad\qquad\qquad\qquad = P(A \bigcup B)P(A)$

$\qquad\qquad\qquad\qquad \Rightarrow P(A \bigcup B) = 1$,结论正确.

③ 和 ④ 正确,故选 B.

10. 选 A

【解】 $P(X_1 + X_2 = n) = \sum_{i=0}^{n} P(X_1 = i, X_2 = n - i) = \sum_{i=0}^{n} P(X_1 = i) P(X_2 = n - i)$

$\qquad\qquad\qquad\qquad = \sum_{i=0}^{n} \frac{(\lambda_1)^i}{i!} \mathrm{e}^{-\lambda_1} \frac{(\lambda_2)^{n-i}}{(n-i)!} \mathrm{e}^{-\lambda_2}$

$$= e^{-\lambda_1-\lambda_2} \frac{1}{n!} \sum_{i=0}^{n} \frac{n!}{i!(n-i)!} (\lambda_1)^i (\lambda_2)^{n-i}$$

$$= e^{-\lambda_1-\lambda_2} \frac{1}{n!} (\lambda_1+\lambda_2)^n = \frac{(\lambda_1+\lambda_2)^n e^{-(\lambda_1+\lambda_2)}}{n!}$$

即 $X_1 + X_2$ 服从参数为 $\lambda_1 + \lambda_2$ 的泊松分布.

故 $P(X_1=k \mid X_1+X_2=n) = \dfrac{P(X_1=k, X_1+X_2=n)}{P(X_1+X_2=n)}$

$$= \frac{P(X_1=k)P(X_2=n-k)}{P(X_1+X_2=n)}$$

$$= \frac{\dfrac{\lambda_1^k}{k!} \dfrac{\lambda_2^{n-k}}{(n-k)!} e^{-(\lambda_1+\lambda_2)}}{\dfrac{(\lambda_1+\lambda_2)^n e^{-(\lambda_1+\lambda_2)}}{n!}}$$

$$= C_n^k \left(\frac{\lambda_1}{\lambda_1+\lambda_2}\right)^k \left(1-\frac{\lambda_1}{\lambda_1+\lambda_2}\right)^{n-k}$$

即 $P(X_1=k \mid X_1+X_2=n)$ 服从参数 $p=\dfrac{\lambda_1}{\lambda_1+\lambda_2}$ 的二项分布.

二、填空题：11～16 小题，每小题 5 分，共 30 分.

11. e^3

【解】
$$\lim_{x\to 0} \left(\frac{\cos x}{\cos(2x)}\right)^{\frac{2}{x^2}} = \lim_{x\to 0} \left(1+\frac{\cos x-\cos(2x)}{\cos(2x)}\right)^{\frac{2}{x^2}}$$

$$= \lim_{x\to 0} \left(1+\frac{(\cos x-1)+1-\cos(2x)}{\cos(2x)}\right)^{\frac{2}{x^2}}$$

$$= \lim_{x\to 0} \left(1+\frac{3}{2}x^2\right)^{\frac{2}{x^2}} = e^3.$$

12. $\dfrac{3}{2}a^2$

【解】 $x \geqslant 0, y \geqslant 0$，令 $\begin{cases} x=r\cos\theta \\ y=r\sin\theta \end{cases}$，$r=\dfrac{3a\cos\theta\sin\theta}{\cos^3\theta+\sin^3\theta}$，$0 \leqslant \theta \leqslant \dfrac{\pi}{2}$

笛卡儿叶形线

所求面积

$$S = \frac{1}{2}\int_0^{\frac{\pi}{2}} r^2(\theta)\,d\theta = \frac{9a^2}{2}\int_0^{\frac{\pi}{2}} \frac{(\cos\theta\sin\theta)^2}{(\cos^3\theta+\sin^3\theta)^2}\,d\theta = \frac{9a^2}{2}\int_0^{\frac{\pi}{2}} \frac{\tan^2\theta}{(1+\tan^3\theta)^2} \sec^2\theta\,d\theta$$

$$= \frac{3}{2}a^2 \int_0^{\frac{\pi}{2}} \frac{\mathrm{d}(\tan^3\theta + 1)}{(1 + \tan^3\theta)^2}$$

$$\xrightarrow{1+\tan^3\theta = t} \frac{3}{2}a^2 \int_1^{+\infty} \frac{1}{t^2}\mathrm{d}t = \frac{3}{2}a^2$$

13. a

【解法一】

$$\varphi(t) = \int_0^{\frac{1}{t}}\mathrm{d}y\int_0^{t^2} f(x+y-1)\mathrm{d}x \xrightarrow{x+y-1=u} \int_0^{\frac{1}{t}}\left[\int_{y-1}^{t^2+y-1} f(u)\mathrm{d}u\right]\mathrm{d}y$$

$$\xrightarrow{\text{分部积分法}} y\int_{y-1}^{t^2+y-1} f(u)\mathrm{d}u \Big|_0^{\frac{1}{t}} - \int_0^{\frac{1}{t}} y\left[f(t^2+y-1) - f(y-1)\right]\mathrm{d}y$$

$$= \frac{1}{t}\int_{\frac{1}{t}-1}^{t^2+\frac{1}{t}-1} f(u)\mathrm{d}u - \int_0^{\frac{1}{t}} yf(t^2+y-1)\mathrm{d}y + \int_0^{\frac{1}{t}} yf(y-1)\mathrm{d}y$$

$$= \frac{1}{t}\int_{\frac{1}{t}-1}^{t^2+\frac{1}{t}-1} f(u)\mathrm{d}u - \int_{t^2-1}^{t^2+\frac{1}{t}-1} (u+1-t^2)f(u)\mathrm{d}u + \int_{-1}^{\frac{1}{t}-1} (u+1)f(u)\mathrm{d}u$$

$$= \frac{1}{t}\int_{\frac{1}{t}-1}^{t^2+\frac{1}{t}-1} f(u)\mathrm{d}u - \int_{t^2-1}^{t^2+\frac{1}{t}-1} (u+1)f(u)\mathrm{d}u + t^2\int_{t^2-1}^{t^2+\frac{1}{t}-1} f(u)\mathrm{d}u$$

$$\quad + \int_{-1}^{\frac{1}{t}} (u+1)f(u)\mathrm{d}u$$

求导并整理,得 $\varphi'(t) = -\frac{1}{t^2}\int_{\frac{1}{t}-1}^{t^2+\frac{1}{t}-1} f(u)\mathrm{d}u + 2t\int_{t^2-1}^{t^2+\frac{1}{t}-1} f(u)\mathrm{d}u$

$$\varphi'(1) = \int_0^1 f(u)\mathrm{d}u = a.$$

【解法二】

令 $F(x) = \int_0^x f(u)\mathrm{d}u$,则 $F'(x) = f(x)$

$$\varphi(t) = \int_0^{\frac{1}{t}}\left[F(t^2+y-1) - F(y-1)\right]\mathrm{d}y = \int_{t^2-1}^{t^2+\frac{1}{t}-1} F(u)\mathrm{d}u - \int_{-1}^{\frac{1}{t}-1} F(u)\mathrm{d}u$$

$$\therefore \varphi'(t) = F\left(t^2+\frac{1}{t}-1\right) \cdot \left(2t-\frac{1}{t^2}\right) - F(t^2-1) \cdot 2t - F\left(\frac{1}{t}-1\right) \cdot \left(-\frac{1}{t^2}\right)$$

故 $\varphi'(1) = F(1) - F(0) = F(1) = \int_0^1 f(u)\mathrm{d}u = a.$

14. $\dfrac{\pi abc}{8}\left(\dfrac{a^2}{p^2} + \dfrac{b^2}{q^2}\right)$

【解】 $V = \iint\limits_{\frac{x^2}{a^2}+\frac{y^2}{b^2}\leqslant 1} \frac{c}{2}\left(\frac{x^2}{p^2} + \frac{y^2}{q^2}\right)\mathrm{d}x\,\mathrm{d}y \xrightarrow{\begin{cases}x = au\\ y = bv\end{cases}} \frac{abc}{2} \iint\limits_{u^2+v^2\leqslant 1} \left(\frac{a^2}{p^2}u^2 + \frac{b^2}{q^2}v^2\right)\mathrm{d}u\,\mathrm{d}v$

$$= \frac{\pi abc}{8}\left(\frac{a^2}{p^2} + \frac{b^2}{q^2}\right).$$

15. $5^{n+1}-4^{n+1}$

【解】 根据 $D_1=\begin{vmatrix} \alpha+\beta & \alpha\beta & \cdots & 0 & 0 \\ 1 & \alpha+\beta & \cdots & 0 & 0 \\ 0 & 1 & \cdots & \alpha\beta & 0 \\ 0 & 0 & \cdots & \alpha+\beta & \alpha\beta \\ 0 & 0 & \cdots & 1 & \alpha+\beta \end{vmatrix}=\dfrac{\alpha^{n+1}-\beta^{n+1}}{\alpha-\beta}(\alpha\neq\beta)$

本题行列式 $D=4^n D_1$，其中，D_1 的 $\alpha+\beta=\dfrac{9}{4}$，$\alpha\beta=\dfrac{5}{4}$，$\alpha=\dfrac{5}{4}$，$\beta=1$

故 $D=5^{n+1}-4^{n+1}$.

16. -1

【解】 X 的密度函数 $f(x)=A e^{\frac{B^2}{2}}\cdot e^{-\frac{(x-B)^2}{2}}(-\infty<x<+\infty)$，为正态分布

易知 $\sigma^2=1$，$D(X)=\sigma^2$，$E(X)=D(X)=\sigma^2=1=B$

$A e^{\frac{1}{2}}=\dfrac{1}{\sqrt{2\pi}\sigma}$，$A=\dfrac{1}{\sqrt{2\pi e}}$，故 $X\sim N(1,1)$.

$E(X e^{-2X})=\displaystyle\int_{-\infty}^{+\infty} x\, e^{-2x}\dfrac{1}{\sqrt{2\pi}}e^{-\frac{(x-1)^2}{2}}\,\mathrm{d}x=\int_{-\infty}^{+\infty} x\,\dfrac{1}{\sqrt{2\pi}}\cdot e^{-\frac{(x+1)^2}{2}}\,\mathrm{d}x=-1.$

三、解答题：$17\sim22$ 小题，共 70 分．解答应写出文字说明、证明过程或演算步骤.

17.【解】 (1) 令 $y=x+1$，

$$\sum_{n=2}^{\infty}\dfrac{b^n+(-1)^n a^n}{n(n-1)}y^n=\sum_{n=2}^{\infty}\dfrac{b^n}{n(n-1)}y^n+\sum_{n=1}^{\infty}(-1)^n\dfrac{a^n}{n(n-1)}y^n$$

$$\rho_1=\lim_{n\to\infty}\sqrt[n]{\left|\dfrac{b^n}{n(n-1)}\right|}=b,\ R_1=\dfrac{1}{b};\ \rho_2=\lim_{n\to\infty}\sqrt[n]{\left|\dfrac{(-1)^n a^n}{n(n-1)}\right|}=a,\ R_2=\dfrac{1}{a}.$$

$\Rightarrow\displaystyle\sum_{n=2}^{\infty}\dfrac{b^n+(-1)^n a^n}{n(n-1)}y^n$ 的收敛半径 $R=\min(R_1,R_2)=\dfrac{1}{b}$

当 $y=\pm\dfrac{1}{b}$ 时，$\displaystyle\sum_{n=2}^{\infty}\dfrac{b^n+(-1)^n a^n}{n(n-1)}y^n$ 也收敛，

因为 $\left|\dfrac{b^n+(-1)^n a^n}{n(n-1)}\left(\pm\dfrac{1}{b}\right)^n\right|\leqslant\dfrac{2}{n(n-1)}$

所以收敛域 $y\in\left[-\dfrac{1}{b},\dfrac{1}{b}\right]$，即 $x\in\left[-\dfrac{1}{b}-1,\dfrac{1}{b}-1\right]$

(2) 设 $S(x)=\displaystyle\sum_{n=2}^{\infty}\dfrac{b^n+(-1)^n a^n}{n(n-1)}y^n$

$$=\sum_{n=2}^{\infty}\left(\dfrac{1}{n-1}-\dfrac{1}{n}\right)(by)^n+\sum_{n=2}^{\infty}\left(\dfrac{1}{n-1}-\dfrac{1}{n}\right)(-ay)^n$$

$$= \sum_{n=2}^{\infty} \frac{1}{n-1}(by)^n + \sum_{n=2}^{\infty} \frac{1}{n-1}(-ay)^n - \sum_{n=2}^{\infty} \frac{(by)^n}{n} - \sum_{n=2}^{\infty} \frac{(-ay)^n}{n}$$

$$= -by\ln(1-by) + ay\ln(1+ay) + by - ay - \sum_{n=1}^{\infty} \frac{(by)^n}{n} - \sum_{n=1}^{\infty} \frac{(-ay)^n}{n}$$

$$= -by\ln(1-by) + ay\ln(1+ay) + (b-a)y + \ln(1-by) + \ln(1+ay)$$

$$= (b-a)(1+x) + (1-b-bx)\ln(1-b-bx)$$
$$\qquad + (1+a+ax)\ln(1+a+ax).$$

18. （1）【解法一】

易知 $0 \leqslant z \leqslant 4$，固定 z，则 x, y 范围为 $D_z: \dfrac{z}{2} \leqslant x \leqslant z, \sqrt{\dfrac{z}{2}} \leqslant y \leqslant \sqrt{z}$

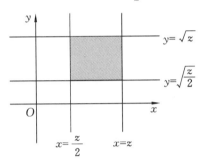

$$\iint_{D_z} y\,\mathrm{d}y\,\mathrm{d}x = \overline{y}S_{D_z} = \frac{\sqrt{z} + \sqrt{\dfrac{z}{2}}}{2}\left(\sqrt{z} - \sqrt{\dfrac{z}{2}}\right) \cdot \frac{z}{2} = \frac{z^2}{8}$$

$$I = \int_0^4 \frac{z^2}{8}\sqrt{16-z^2}\,\mathrm{d}z \xlongequal{z=4\sin t} 32\int_0^{\frac{\pi}{2}} \sin^2 t\,(1-\sin^2 t)\,\mathrm{d}t = 2\pi.$$

【解法二】

作替换，令 $\begin{cases} \dfrac{z}{x} = u \\[2mm] \dfrac{z}{y^2} = v \\[2mm] z = w \end{cases}$，即 $\begin{cases} x = \dfrac{w}{u} \\[2mm] y = \sqrt{\dfrac{w}{v}} \\[2mm] z = w \end{cases}$，

雅可比行列式 $J = \begin{vmatrix} -\dfrac{w}{u^2} & 0 & \dfrac{1}{u} \\[3mm] 0 & -\dfrac{1}{2}v^{-\frac{3}{2}}\sqrt{w} & \dfrac{1}{2\sqrt{wv}} \\[3mm] 0 & 0 & 1 \end{vmatrix} = \dfrac{1}{2}w^{\frac{3}{2}}u^{-2}v^{-\frac{3}{2}}$

故 $I = \iiint\limits_{\substack{1\leqslant u\leqslant 2 \\ 1\leqslant v\leqslant 2 \\ 0\leqslant w\leqslant 4}} \sqrt{\dfrac{w}{v}}\sqrt{16-w^2} \cdot \dfrac{1}{2}w^{\frac{3}{2}}u^{-2}v^{-\frac{3}{2}}\,\mathrm{d}u\,\mathrm{d}v\,\mathrm{d}w$

$$= \frac{1}{2}\int_1^2 \frac{1}{u^2}\mathrm{d}u\int_1^2 \frac{1}{v^2}\mathrm{d}v\int_0^4 w^2\sqrt{16-w^2}\,\mathrm{d}w = 2\pi.$$

（2）【解】 立体 Ω 在 xOy 面上的投影区域 D_{xy} 为 $\dfrac{x^2}{16}+\dfrac{y^2}{36}\leqslant 1$，故所求体积

$$V = \iint\limits_{D_{xy}}\left[\left(2-\frac{x^2}{12}-\frac{y^2}{24}\right)-\left(\frac{x^2}{24}+\frac{y^2}{72}\right)\right]\mathrm{d}x\,\mathrm{d}y$$

$$= \iint\limits_{D_{xy}}\left(2-\frac{x^2}{8}-\frac{y^2}{18}\right)\mathrm{d}x\,\mathrm{d}y \xlongequal{\left\{\begin{array}{l}x=4r\cos\theta\\ y=6r\sin\theta\end{array}\right.} 24\int_0^{2\pi}\mathrm{d}\theta\int_0^1 (2-2r^2)r\,\mathrm{d}r = 24\pi.$$

19.【证明】 $f(x)$ 在 $[0,1]$ 上连续，$f(x)$ 在 $(0,1)$ 上恒为正，$f(0)=f(1)=0$

$\Rightarrow f(x)$ 在 $[0,1]$ 上的最大值点 $c\in(0,1)$，且 $f'(c)=0$

由拉格朗日中值定理得 $\begin{cases} f(1)-f(c)=f'(\xi_2)(1-c), & c<\xi_2<1 \\ f(c)-f(0)=f'(\xi_1)c, & 0<\xi_1<c \end{cases}$

即 $f'(\xi_2)=\dfrac{-f(c)}{1-c}$，$f'(\xi_1)=\dfrac{f(c)}{c}$.

故 $\displaystyle\int_{\xi_1}^{\xi_2}\left|\frac{f''(x)}{f(x)}\right|\mathrm{d}x = \int_{\xi_1}^{\xi_2}\frac{|f''(x)|}{f(x)}\mathrm{d}x \geqslant \frac{1}{f(c)}\int_{\xi_1}^{\xi_2}|f''(x)|\mathrm{d}x$

$$\geqslant \frac{1}{f(c)}\left|\int_{\xi_1}^{\xi_2}f''(x)\mathrm{d}x\right|$$

$$= \frac{1}{1-c}+\frac{1}{c}=\frac{1}{c(1-c)}\geqslant 4$$

构造函数 $F(x)=\displaystyle\int_{\xi_1}^x \frac{|f''(t)|}{f(t)}\mathrm{d}t$，$F(x)$ 在 $[\xi_1,1]$ 上连续

$F(\xi_1)=0$，$F(\xi_2)\geqslant 4$，$F(\xi_1)=0<4\leqslant F(\xi_2)$

由连续函数介值定理，$\exists b\in(\xi_1,\xi_2]$，使得 $F(b)=4$

综上所述，$\exists a=\xi_1,b\in(\xi_1,\xi_2]$，使得 $\displaystyle\int_a^b\left|\frac{f''(x)}{f(x)}\right|\mathrm{d}x = 4$.

20.【解】 $\Sigma:\dfrac{x^2}{a^2}+\dfrac{y^2}{b^2}+\dfrac{z^2}{c^2}=1$，设 Σ 外侧，对应的法矢 $\vec{n}=\left\{\dfrac{x}{a^2},\dfrac{y}{b^2},\dfrac{z}{c^2}\right\}$

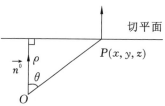

$P\in\Sigma$，$P(x,y,z)$，$\vec{n^0}$ 与 $\overrightarrow{OP}$ 的数量积为

$\vec{n^0}\cdot\overrightarrow{OP}=|\vec{n^0}||\overrightarrow{OP}|\cos\theta$，其中 θ 为 $\vec{n}$ 与 $\overrightarrow{OP}$ 的夹角

$$\Rightarrow \rho = |\,|\overrightarrow{OP}|\cos\theta\,| = \frac{\dfrac{x^2}{a^2}+\dfrac{y^2}{b^2}+\dfrac{z^2}{c^2}}{\sqrt{\dfrac{x^2}{a^4}+\dfrac{y^2}{b^4}+\dfrac{z^2}{c^4}}} = \frac{1}{\sqrt{\dfrac{x^2}{a^4}+\dfrac{y^2}{b^4}+\dfrac{z^2}{c^4}}}$$

$$\overrightarrow{n^0} = \frac{\vec{n}}{|\vec{n}|} = \{\cos\alpha,\cos\beta,\cos\gamma\}, \text{ 则 } |\cos\gamma\,\mathrm{d}S| = \mathrm{d}x\,\mathrm{d}y > 0,\ |\cos\gamma| = \frac{\dfrac{|z|}{c^2}}{\sqrt{\dfrac{x^2}{a^4}+\dfrac{y^2}{b^4}+\dfrac{z^2}{c^4}}}$$

设 Σ_1 为 Σ 中第一象限部分,由对称性可得:

$$I = \iint\limits_{\Sigma} \frac{1}{\rho}\,\mathrm{d}S = 8\iint\limits_{\Sigma_1} \frac{1}{\rho\cos\gamma}\cos\gamma\,\mathrm{d}S = 8c^2\iint\limits_{\Sigma_1}\left(\frac{x^2}{a^4}+\frac{y^2}{b^4}+\frac{z^2}{c^4}\right)\frac{1}{|z|}\,\mathrm{d}x\,\mathrm{d}y$$

$$= 8c^2\iint\limits_{\substack{\frac{x^2}{a^2}+\frac{y^2}{b^2}\leqslant 1 \\ x\geqslant 0,\,y\geqslant 0}}\left[\frac{x^2}{a^4}+\frac{y^2}{b^4}+\frac{1}{c^2}\left(1-\frac{x^2}{a^2}-\frac{y^2}{b^2}\right)\right]\frac{1}{c\sqrt{1-\dfrac{x^2}{a^2}-\dfrac{y^2}{b^2}}}\,\mathrm{d}x\,\mathrm{d}y$$

$$\xlongequal{\begin{cases}x = ar\cos\theta \\ y = br\sin\theta\end{cases}} 8abc\int_0^{\frac{\pi}{2}}\mathrm{d}\theta\int_0^1\left[\frac{1}{a^2}r^2\cos^2\theta+\frac{1}{b^2}r^2\sin^2\theta+\frac{1}{c^2}(1-r^2)\right]\frac{1}{\sqrt{1-r^2}}r\,\mathrm{d}r$$

$$= 2\pi abc\int_0^1\left(\frac{1}{a^2}+\frac{1}{b^2}\right)\frac{r^3}{\sqrt{1-r^2}}\,\mathrm{d}r + 4\pi abc\int_0^1\frac{1}{c^2}\cdot\frac{(1-r^2)r}{\sqrt{1-r^2}}\,\mathrm{d}r$$

$$\xlongequal{r=\sin t} \frac{4}{3}\pi abc\left(\frac{1}{a^2}+\frac{1}{b^2}+\frac{1}{c^2}\right).$$

21.【解】 令 $Y_1 = \min(X_1,X_2),\ Y_2 = \min(X_3,X_4),\ T = \max(Y_1,Y_2)$

X_1,X_2,X_3,X_4 独立同分布,其分布函数均为 $F(x) = 1-\mathrm{e}^{-\frac{1}{\theta}x}\,(x>0)$,

对应的密度函数为 $f(x) = \begin{cases}\dfrac{1}{\theta}\mathrm{e}^{-\frac{1}{\theta}x}, & x>0 \\ 0, & x\leqslant 0\end{cases}$.

Y_1,Y_2 的分布函数均为 $F_1(x) = 1-[1-F(x)]^2 = 1-\mathrm{e}^{-\frac{2}{\theta}x},\ x>0$,

对应的密度函数为 $f_1(x) = 2[1-F(x)]f(x) = \begin{cases}\dfrac{2}{\theta}\mathrm{e}^{-\frac{2}{\theta}x}, & x>0 \\ 0, & x\leqslant 0\end{cases}$.

故 T 的分布函数为 $F_T(t) = F_1^2(t) = \begin{cases}0, & t\leqslant 0 \\ (1-\mathrm{e}^{-\frac{2}{\theta}t})^2, & t>0\end{cases}$,

对应的密度函数 $f_T(t) = \begin{cases}2(1-\mathrm{e}^{-\frac{2}{\theta}t})\cdot\dfrac{2}{\theta}\cdot\mathrm{e}^{-\frac{2}{\theta}t}, & t>0 \\ 0, & \text{其他}\end{cases}$.

$$E(T) = \int_{-\infty}^{+\infty} t f_T(t) \mathrm{d}t = \int_0^{+\infty} t \cdot \frac{4}{\theta} \cdot \mathrm{e}^{-\frac{2}{\theta}t} \mathrm{d}t - \int_0^{+\infty} t \cdot \frac{4}{\theta} \cdot \mathrm{e}^{-\frac{4}{\theta}t} \mathrm{d}t = \theta - \frac{\theta}{4} = \frac{3}{4}\theta$$

$$E(T^2) = 2\int_0^{+\infty} t^2 \cdot \frac{2}{\theta} \cdot \mathrm{e}^{-\frac{2}{\theta}t} \mathrm{d}t - \int_0^{+\infty} t^2 \cdot \frac{4}{\theta} \cdot \mathrm{e}^{-\frac{4}{\theta}t} \mathrm{d}t$$

$$= 2\left(\frac{\theta^2}{4} + \frac{\theta^2}{4}\right) - \left(\frac{\theta^2}{16} \times 2\right) = \frac{7}{8}\theta^2$$

$$D(T) = E(T^2) - [E(T)]^2 = \frac{5}{16}\theta^2.$$

22.【解】　记 $\boldsymbol{B} = \begin{pmatrix} \boldsymbol{O} & \boldsymbol{A} \\ \boldsymbol{A} & \boldsymbol{O} \end{pmatrix}$，则 $\boldsymbol{B}$ 的特征多项式

$$f_{\boldsymbol{B}}(\lambda) = \begin{vmatrix} \lambda\boldsymbol{E} & -\boldsymbol{A} \\ -\boldsymbol{A} & \lambda\boldsymbol{E} \end{vmatrix} = |\lambda^2\boldsymbol{E} - \boldsymbol{A}^2| = |(\lambda\boldsymbol{E} + \boldsymbol{A})(\lambda\boldsymbol{E} - \boldsymbol{A})|$$

$$= |\lambda\boldsymbol{E} + \boldsymbol{A}||\lambda\boldsymbol{E} - \boldsymbol{A}| = 0$$

这里利用了若 $\boldsymbol{AC} = \boldsymbol{CA}$，则 $\begin{vmatrix} \boldsymbol{A} & \boldsymbol{B} \\ \boldsymbol{C} & \boldsymbol{D} \end{vmatrix} = |\boldsymbol{AD} - \boldsymbol{CB}|$.

因此，$\boldsymbol{B}$ 的 $2n$ 个特征值分别为 $\pm\lambda_1, \pm\lambda_2, \cdots, \pm\lambda_n$，正惯性指数为 n，负惯性指数为 n.

二次型 $f = \boldsymbol{X}^{\mathrm{T}} \begin{pmatrix} \boldsymbol{O} & \boldsymbol{A} \\ \boldsymbol{A} & \boldsymbol{O} \end{pmatrix} \boldsymbol{X}$ 的标准型为 $\lambda_1 y_1^2 + \lambda_2 y_2^2 + \cdots + \lambda_n y_n^2 - \lambda_1 y_{n+1}^2 - \lambda_2 y_{n+2}^2 - \cdots - \lambda_n y_{2n}^2$.

数学模拟试题六参考答案

一、选择题：1～10 小题，每小题 5 分，共 50 分.下列每题给出的四个选项中，只有一个选项是最符合题目要求的.

1. 选 C

【解法一】

$$4 = \lim_{x \to 0} \frac{xf(x) + \ln(1-2x)}{x^2} = \lim_{x \to 0} \frac{[xf(x) - 2x]}{x^2} + \lim_{x \to 0} \frac{2x + \ln(1-2x)}{x^2}$$

$$= \lim_{x \to 0} \frac{f(x) - f(0)}{x} + \lim_{x \to 0} \frac{-\frac{1}{2}(2x)^2}{x^2}$$

$$= f'(0) - 2 \Rightarrow f'(0) = 6.$$

【解法二】

$$4 = \lim_{x \to 0} \frac{f(x) + \frac{\ln(1-2x)}{x}}{x} \Rightarrow f(0) = 2 \Rightarrow f(x) = 2 + f'(0)x + o(x)$$

$$4 = \lim_{x \to 0} \frac{2x + f'(0)x^2 + \ln(1-2x)}{x^2} = \lim_{x \to 0} \frac{2x + f'(0)x^2 + (-2x - 2x^2) + o(x^2)}{x^2}$$

$$= f'(0) - 2 \Rightarrow f'(0) = 6.$$

2. 选 C

【解】 $f(x) = \max(1, |x^3|) = \begin{cases} 1, & |x| \leqslant 1 \\ |x|^3, & |x| > 1 \end{cases} = \begin{cases} -x^3, & x < -1 \\ 1, & -1 \leqslant x \leqslant 1 \\ x^3, & x > 1 \end{cases}$

$f(x)$ 在 $(-\infty, +\infty)$ 上连续，$f'_-(-1) = -3, f'_+(-1) = 0, f'_-(1) = 0, f'_+(1) = 3.$
故 $f(x)$ 在 $x = -1, x = 1$ 两处不可导.

3. 选 D

【解】 从 $f'(x)$ 图形中知：驻点 $l = 3$，极值点($f'(x) = 0$ 的点且左右两侧变号)$m = 2$，拐点 $n = 3$.

4. 选 D

【解】 $y' = (x-2)(x-3)^2(x-4)^3 u(x)$，其中 $u(x)$ 为三次多项式；
$y'' = (x-3)(x-4)^2 v(x)$，其中 $v(x)$ 为五次多项式.

— 117 —

$y=0$ 有 10 个实根(包括重根).

$x_1=1<x_2=2$(二重根)$<x_3=3$(三重根)$<x_4=4$(四重根).

由罗尔定理知,$\exists \xi_1 \in (1,2), \xi_2 \in (2,3), \xi_3 \in (3,4)$,使得 $y'(\xi_i)=0(i=1,2,3)$,

且 $y'(2)=0(\xi_4=2), y'(3)=0(\xi_5=3), y'(4)=0(\xi_6=4)$,

其中 $\xi_1, \xi_2, \xi_3, \xi_4=2$ 为 $y'=0$ 的单根,$\xi_5=3$ 为 $y'=0$ 的二重根,$\xi_6=4$ 为 $y'=0$ 的三重根.

$\Rightarrow y$ 的极值点为 $\xi_1, \xi_2, \xi_3, \xi_4=2, \xi_6=4$,共五个.

对 y' 再用罗尔定理,$\exists \eta_1 \in (\xi_1,2), \eta_2 \in (2,\xi_2), \eta_3 \in (\xi_2,3), \eta_4 \in (3,\xi_3), \eta_5 \in (\xi_3,4)$,使得 $y''(\eta_i)=0(i=1,2,3,4,5)$ 且 $y''(3)=0, y''(4)=0$,即 $\eta_6=3, \eta_7=4$ 分别为 $y''=0$ 的单根、二重根.

$\Rightarrow y$ 的拐点为 $(\eta_1, y(\eta_1)), (\eta_2, y(\eta_2)), (\eta_3, (\eta_3)), (\eta_4, y(\eta_4)), (\eta_5, y(\eta_5)), (3, 0)$,共六个.

5. 选 C

【解】 $f_A(\lambda) = |\lambda E - A|$

$$= \begin{vmatrix} \lambda-1 & -2 & 3 \\ 1 & \lambda-4 & 3 \\ -1 & -a & \lambda-5 \end{vmatrix} \xrightarrow[\text{第二行}]{\text{第一行} \times (-1) \text{ 加到}} \begin{vmatrix} \lambda-1 & -2 & 3 \\ -\lambda+2 & \lambda-2 & 0 \\ -1 & -a & \lambda-5 \end{vmatrix}$$

$$= (\lambda-2) \begin{vmatrix} \lambda-1 & -2 & 3 \\ -1 & 1 & 0 \\ -1 & -a & \lambda-5 \end{vmatrix}$$

$$= (\lambda-2) \begin{vmatrix} \lambda-1 & \lambda-3 & 3 \\ -1 & 0 & 0 \\ -1 & -1-a & \lambda-5 \end{vmatrix} = (\lambda-2)(\lambda^2-8\lambda+18+3a)$$

当 $\lambda=2$ 为二重特征值时,$a=-2$,此时 A 的三个特征值分别为 $\lambda_1=\lambda_2=2, \lambda_3=6$.

$$r(2E-A) = r \begin{pmatrix} 1 & -2 & 3 \\ 1 & -2 & 3 \\ -1 & 2 & -3 \end{pmatrix} = 1, A \text{ 相似于对角形.}$$

当 $\lambda=2$ 为单特征值时,A 的一个二重特征值 $\lambda_2=\lambda_3=\lambda$,满足 $\lambda^2-8\lambda+18+3a=0$.

$$\Rightarrow \Delta = 8^2-4(18+3a)=0, a=-\frac{2}{3}, \lambda_2=\lambda_3=4.$$

$$r(4E-A) = r \begin{pmatrix} 3 & -2 & 3 \\ 1 & 0 & 3 \\ -1 & \frac{2}{3} & -1 \end{pmatrix} = 2, \text{此时 } A \text{ 不相似于对角形.}$$

6. 选 B

【解】 二次型 $f(x,y,z)=-xy+xz+yz=\boldsymbol{X}^{\mathrm{T}}\boldsymbol{A}\boldsymbol{X}$,其中 $\boldsymbol{X}=\begin{pmatrix} x \\ y \\ z \end{pmatrix}$,

$$\boldsymbol{A}=\begin{pmatrix} 0 & -\dfrac{1}{2} & \dfrac{1}{2} \\ -\dfrac{1}{2} & 0 & \dfrac{1}{2} \\ \dfrac{1}{2} & \dfrac{1}{2} & 0 \end{pmatrix}$$

$$f_{\boldsymbol{A}}(\lambda)=|\lambda\boldsymbol{E}-\boldsymbol{A}|=\begin{vmatrix} \lambda & \dfrac{1}{2} & -\dfrac{1}{2} \\ \dfrac{1}{2} & \lambda & -\dfrac{1}{2} \\ -\dfrac{1}{2} & -\dfrac{1}{2} & \lambda \end{vmatrix}=\begin{vmatrix} \lambda-\dfrac{1}{2} & \dfrac{1}{2} & -\dfrac{1}{2} \\ 0 & \lambda & -\dfrac{1}{2} \\ \lambda-\dfrac{1}{2} & -\dfrac{1}{2} & \lambda \end{vmatrix}$$

$$=\left(\lambda-\dfrac{1}{2}\right)^{2}(\lambda+1)=0$$

得 $\lambda_1=\lambda_2=\dfrac{1}{2}$,$\lambda_3=-1$

即 $f(x,y,z)=1$ 在 $\boldsymbol{X}=\boldsymbol{Q}\boldsymbol{Y}$ 的正交变换下化为标准型 $\dfrac{1}{2}x_1^2+\dfrac{1}{2}y_1^2-z_1^2=1$,曲面 $yz+xz-xy=1$ 为单叶双曲面,选 B.

7. 选 A

【解法一】

一方面,(Ⅰ)的所有解都是(Ⅱ)的解;另一方面,对任意 n 阶矩阵 $\boldsymbol{A}$,$r(\boldsymbol{A}^n)=r(\boldsymbol{A}^{n+1})$.

∴$\boldsymbol{A}^n\boldsymbol{X}=\boldsymbol{0}$ 与 $\boldsymbol{A}^{n+1}\boldsymbol{X}=\boldsymbol{0}$ 同解.

【解法二】

易知,(Ⅰ)的任意解都是(Ⅱ)的解,易证(Ⅱ)的任一解 $\boldsymbol{\alpha}$ 也是(Ⅰ)的解,可用反证法,设 $\boldsymbol{A}^n\boldsymbol{\alpha}\neq\boldsymbol{0}$,$\boldsymbol{A}^{n+1}\boldsymbol{\alpha}=\boldsymbol{0}$,则向量组 $\boldsymbol{\alpha}$,$\boldsymbol{A}\boldsymbol{\alpha}$,$\boldsymbol{A}^2\boldsymbol{\alpha}$,$\cdots$,$\boldsymbol{A}^n\boldsymbol{\alpha}$ 线性无关.

这与 n 维向量组最多有 n 个线性无关的向量矛盾.

8. 选 C

【解】 $P(\max(X,Y)>\mu)=1-P(\max(X,Y)\leqslant\mu)=1-P(X\leqslant\mu,Y\leqslant\mu)=\alpha$

$\Rightarrow P(X\leqslant\mu,Y\leqslant\mu)=1-\alpha$

记 $A=\{X\leqslant\mu\}$，$B=\{Y\leqslant\mu\}$，则 $P(AB)=1-\alpha$

$$
\begin{aligned}
P(\min(X,Y)\leqslant\mu) &= 1-P(\min(X,Y)>\mu)\\
&= 1-P(X>\mu,Y>\mu)=1-P(\overline{A}\,\overline{B})=1-P(\overline{A\bigcup B})\\
&= P(A\bigcup B)=P(A)+P(B)-P(AB)\\
&= P(X\leqslant\mu)+P(Y\leqslant\mu)-P(AB)\\
&= \frac{1}{2}+\frac{1}{2}-P(AB)=\alpha
\end{aligned}
$$

9. 选 D

【解】 设 $D(X_i)=\sigma^2(i=1,2,\cdots,n)$

$$
\begin{aligned}
\mathrm{Cov}(X_i-\overline{X},X_j-\overline{X}) &= \mathrm{Cov}(X_i,X_j)-\mathrm{Cov}(X_i,\overline{X})-\mathrm{Cov}(\overline{X},X_j)+\mathrm{Cov}(\overline{X},\overline{X})\\
&= -\frac{1}{n}\mathrm{Cov}(X_i,X_i)-\frac{1}{n}\mathrm{Cov}(X_j,X_j)+D(\overline{X})\\
&= -\frac{2}{n}\sigma^2+\frac{\sigma^2}{n}=-\frac{1}{n}\sigma^2
\end{aligned}
$$

$$
\begin{aligned}
D(X_i-\overline{X}) &= \mathrm{Cov}(X_i-\overline{X},X_i-\overline{X})\\
&= D(X_i)+D(\overline{X})-\frac{2}{n}\mathrm{Cov}(X_i,X_i)=\left(1-\frac{1}{n}\right)\sigma^2
\end{aligned}
$$

故 $X_i-\overline{X}$ 与 $X_j-\overline{X}$ 的相关系数

$$
\rho=\frac{\mathrm{Cov}(X_i-\overline{X},X_j-\overline{X})}{\sqrt{D(X_i-\overline{X})}\sqrt{D(X_j-\overline{X})}}=\frac{-\dfrac{1}{n}\sigma^2}{\left(1-\dfrac{1}{n}\right)\sigma^2}=-\frac{1}{n-1}.
$$

10. 选 C

【解】 当样本容量为 n 时，统计量 $T=\dfrac{\dfrac{\overline{X}-\mu}{\dfrac{\sigma}{\sqrt{n}}}}{\sqrt{\dfrac{\dfrac{(n-1)S^2}{\sigma^2}}{n-1}}}=\dfrac{\sqrt{n}(\overline{X}-\mu)}{S}\sim t(n-1)$

当样本个数为 n^2 时，$T=\dfrac{n(\overline{X}-\mu)}{S}\sim t(n^2-1)$，$P(|T|<t_{0.05}(n^2-1))=0.9$

$$
\Leftrightarrow P\left(a-\frac{1}{n}t_{0.05}(n^2-1)<\mu<a+\frac{1}{n}t_{0.05}(n^2-1)\right)=0.9
$$

所以 μ 的置信度为 0.9 的置信区间是 $\left(a-\dfrac{1}{n}t_{0.05}(n^2-1),a+\dfrac{1}{n}t_{0.05}(n^2-1)\right)$.

二、**填空题**：11 ～ 16 小题，每小题 5 分，共 30 分.

11. $3\mathrm{e} - \dfrac{3\pi}{2}$

【解】 $\dfrac{\mathrm{d}y}{\mathrm{d}x} = \dfrac{y'_t}{x'_t} = \dfrac{2t\mathrm{e}^{t^2} + \pi\cos(\pi t)}{\mathrm{e}^{t-1} + 1}$，当 $t = 1$ 时，$x = 0$，$y = \mathrm{e} \Rightarrow \dfrac{\mathrm{d}y}{\mathrm{d}x}\Big|_{x=0} = \mathrm{e} - \dfrac{\pi}{2}$

$\Rightarrow \lim\limits_{n \to \infty} n\left[f\left(\dfrac{2}{n}\right) - f\left(-\dfrac{1}{n}\right) \right] = \lim\limits_{n \to \infty} n f'(\xi)\left(\dfrac{2}{n} + \dfrac{1}{n}\right) = 3f'(0) = 3\mathrm{e} - \dfrac{3\pi}{2}$.

12. $-b - 2a - 1$

【解】 特征方程 $\lambda^2 + 2\lambda + 1 = 0$，$\lambda_1 = \lambda_2 = -1$，$y = y(x) = C_1 \mathrm{e}^{-x} + C_2 x \mathrm{e}^{-x} + Ax^2\mathrm{e}^{-x} \Rightarrow \lim\limits_{x \to +\infty} y = \lim\limits_{x \to +\infty} y' = \lim\limits_{x \to +\infty} y'' = 0$

在方程 $y'' + 2y' + y = \mathrm{e}^{-x}$ 两边取 $[0, +\infty)$ 进行积分，得

$-y'(0) - 2y(0) + \displaystyle\int_0^{+\infty} y\,\mathrm{d}x = 1$

$\Rightarrow \displaystyle\int_0^{+\infty} y\,\mathrm{d}x = 1 + y'(0) + 2y(0) = b + 2a + 1$

所以 $\displaystyle\int_0^{+\infty} x y'\,\mathrm{d}x = \int_0^{+\infty} x\,\mathrm{d}y = xy\Big|_0^{+\infty} - \int_0^{+\infty} y\,\mathrm{d}x = -b - 2a - 1$.

13. $\ln(1 + \sqrt{2})$

【解】 $\lim\limits_{n \to \infty} \sin\dfrac{1}{n} \cdot \displaystyle\sum_{k=1}^n \dfrac{n}{\sqrt{n^2 + k^2}} = \lim\limits_{n \to \infty} \dfrac{1}{n}\sum_{k=1}^n \dfrac{1}{\sqrt{1 + \left(\dfrac{k}{n}\right)^2}} = \int_0^1 \dfrac{\mathrm{d}x}{\sqrt{x^2 + 1}} = \ln(1 + \sqrt{2})$

又 $0 \leqslant \dfrac{1}{n}\displaystyle\sum_{k=1}^n \dfrac{\dfrac{1}{k}}{\sqrt{n^2 + k^2}} \leqslant \dfrac{1}{n}\sum_{k=1}^n \dfrac{1}{\sqrt{n^2 + k^2}} \leqslant \dfrac{1}{\sqrt{n^2 + 1}} \Rightarrow \lim\limits_{n \to \infty} \dfrac{1}{n}\sum_{k=1}^n \dfrac{\dfrac{1}{k}}{\sqrt{n^2 + k^2}} = 0$

所以 $\lim\limits_{n \to \infty} \left(\displaystyle\sum_{k=1}^n \dfrac{n + \dfrac{1}{k}}{\sqrt{n^2 + k^2}} \right) \sin\dfrac{1}{n} = \lim\limits_{n \to \infty} \dfrac{1}{n}\sum_{k=1}^n \dfrac{n}{\sqrt{n^2 + k^2}} + \lim\limits_{n \to \infty} \dfrac{1}{n}\sum_{k=1}^n \dfrac{\dfrac{1}{k}}{\sqrt{n^2 + k^2}}$

$= \ln(1 + \sqrt{2})$.

14. $\dfrac{22}{3}$

【解】 $\vec{A} = P\vec{i} + Q\vec{j} + R\vec{k}$，$\mathbf{div}\vec{A} = \dfrac{\partial P}{\partial x} + \dfrac{\partial Q}{\partial y} + \dfrac{\partial R}{\partial z} = 6x^2yz - 2x^2yz - 2x^2yz = 2x^2yz$

l 的单位向量 $\vec{l^0} = (\cos\alpha, \cos\beta, \cos\gamma) = \left(\dfrac{2}{3}, \dfrac{2}{3}, -\dfrac{1}{3}\right)$

所以 $\mathbf{div}\vec{A}$ 在点 $M(1,1,2)$ 处沿 $\vec{l^0}$ 的方向导数为

$$\frac{\partial(\mathbf{div}\vec{A})}{\partial l}\bigg|_{M(1,1,2)}=\frac{\partial(\mathbf{div}\vec{A})}{\partial x}\bigg|_{M(1,1,2)}\cos\alpha+\frac{\partial(\mathbf{div}\vec{A})}{\partial y}\bigg|_{M(1,1,2)}\cos\beta$$

$$+\frac{\partial(\mathbf{div}\vec{A})}{\partial z}\bigg|_{M(1,1,2)}\cos\gamma$$

$$=\frac{16}{3}+\frac{8}{3}-\frac{2}{3}=\frac{22}{3}.$$

15. $2\ln2$

【解】 X 的密度函数 $f_X(x)=\begin{cases}1, & 1\leqslant x\leqslant2 \\ 0, & \text{其他}\end{cases}$，在 $X=x$ 条件下 Y 服从参数 $\lambda=x$

的指数分布，对应的密度函数为

$$f_{Y|X}(y\mid x)=\begin{cases}x\,\mathrm{e}^{-xy}, & y>0 \\ 0, & \text{其他}\end{cases}\Rightarrow(X,Y)\text{ 的密度函数为}$$

$$f(x,y)=f_X(x)f_{Y|X}(y\mid x)=\begin{cases}x\,\mathrm{e}^{-xy}, & y>0,1\leqslant x\leqslant2 \\ 0, & \text{其他}\end{cases}$$

所以 $E(XY^2)=\int_1^2\mathrm{d}x\int_0^{+\infty}x^2y^2\mathrm{e}^{-xy}\mathrm{d}y=\int_1^2x\,\mathrm{d}x\int_0^{+\infty}y^2x\mathrm{e}^{-xy}\mathrm{d}y=\int_1^2\frac{2}{x}\mathrm{d}x=2\ln2.$

16. $\begin{pmatrix}1&0&0\\2&2&0\\3&3&3\end{pmatrix}$

【解法一】

$\boldsymbol{E}(1(2),2)\boldsymbol{A}=\boldsymbol{A}_1,\boldsymbol{B}\boldsymbol{E}(2(-1))=\boldsymbol{B}_1,$

$\boldsymbol{A}_1\boldsymbol{B}_1=\boldsymbol{E}(1(2),2)\boldsymbol{A}\boldsymbol{B}\boldsymbol{E}(2(-1))=\begin{pmatrix}1&0&0\\4&-2&0\\3&-3&3\end{pmatrix}$

$\Rightarrow\boldsymbol{A}\boldsymbol{B}=\boldsymbol{E}^{-1}(1(2),2)\begin{pmatrix}1&0&0\\4&-2&0\\3&-3&3\end{pmatrix}\boldsymbol{E}^{-1}(2(-1))$

$=\boldsymbol{E}(1(-2),2)\begin{pmatrix}1&0&0\\4&-2&0\\3&-3&3\end{pmatrix}\boldsymbol{E}(2(-1))=\begin{pmatrix}1&0&0\\2&2&0\\3&3&3\end{pmatrix}.$

【解法二】

$P_1ABP_2 = A_1B_1$

$$AB = P_1^{-1}\begin{pmatrix} 1 & 0 & 0 \\ 4 & -2 & 0 \\ 3 & -3 & 3 \end{pmatrix}P_2^{-1}$$

$$= \begin{pmatrix} 1 & 0 & 0 \\ -2 & 1 & 0 \\ 0 & 0 & 1 \end{pmatrix}\begin{pmatrix} 1 & 0 & 0 \\ 4 & -2 & 0 \\ 3 & -3 & 3 \end{pmatrix}\begin{pmatrix} 1 & 0 & 0 \\ 0 & -1 & 0 \\ 0 & 0 & 1 \end{pmatrix} = \begin{pmatrix} 1 & 0 & 0 \\ 2 & 2 & 0 \\ 3 & 3 & 3 \end{pmatrix}.$$

三、解答题: 17 ～ 22 小题,共 70 分.解答应写出文字说明、证明过程或演算步骤.

17.【证法一】

令 $f(x) = \sin x$,$g(x) = x(\pi - x)$,对 $f(x), g(x)$ 使用两次柯西中值定理

$$\frac{f(x)}{g(x)} = \frac{f(x) - f(0)}{g(x) - g(0)} = \frac{f'(\xi_1)}{g'(\xi_1)} = \frac{f'(\xi_1) - f'\left(\frac{\pi}{2}\right)}{g'(\xi_1) - g'\left(\frac{\pi}{2}\right)} = \frac{f''(\xi_2)}{g''(\xi_2)}$$

$$= \frac{1}{2}\frac{\sin\xi_2}{\xi_2}\left(0 < \xi < x < \frac{\pi}{2},\xi_1 < \xi_2 < \frac{\pi}{2}\right)$$

再利用不等式 $\dfrac{2}{\pi} < \dfrac{\sin x}{x} < 1$,得 $\dfrac{1}{\pi} < \dfrac{f(x)}{g(x)} < \dfrac{1}{2}$,即 $\dfrac{x(\pi - x)}{\pi} < \sin x < \dfrac{x(\pi - x)}{2}$.

【证法二】

令 $f(x) = \sin x - x + \dfrac{1}{\pi}x^2 \left(0 < x < \dfrac{\pi}{2}\right)$

$f'(x) = \cos x - 1 + \dfrac{2}{\pi}x$,$f'(0) = 0$,$f'\left(\dfrac{\pi}{2}\right) = 0$;$f''(x) = -\sin x + \dfrac{2}{\pi}$,$f''(x_0) = 0$,

$x_0 = \arcsin\dfrac{2}{\pi}$.(是唯一二阶导数为零的点)

当 $0 < x < x_0$ 时:$\sin x < \sin x_0 = \dfrac{2}{\pi} \Rightarrow f''(x) > 0 \Rightarrow f'(x)$ 单调递增

$\Rightarrow f'(x) > f'(0) = 0$

当 $x_0 < x < \dfrac{\pi}{2}$ 时:$\sin x_0 = \dfrac{2}{\pi} < \sin x \Rightarrow f''(x) < 0 \Rightarrow f'(x)$ 单调递减

$\Rightarrow f'(x) > f'\left(\dfrac{\pi}{2}\right) = 0$

综上所述,当 $0 < x < \dfrac{\pi}{2}$ 时,$f(x) > 0$

如图所示

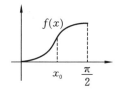

令 $g(x) = \sin x - \dfrac{\pi}{2}x + \dfrac{1}{2}x^2 \left(0 < x < \dfrac{\pi}{2}\right)$

$g'(x) = \cos x - \dfrac{\pi}{2} + x, g'\left(\dfrac{\pi}{2}\right) = 0, g'(0) = 1 - \dfrac{\pi}{2} < 0, g''(x) = -\sin x + 1 > 0,$

$g(x)$ 为凹函数.

如图所示

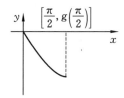

$\Rightarrow g'(x)$ 单调递增 $\Rightarrow g'(x) < g'\left(\dfrac{\pi}{2}\right) = 0 \Rightarrow g(x)$ 单调递减,故 $g(x) < 0$.

所以根据 $f(x) > 0, g(x) < 0$,证得结论,证毕.

18.【解法一】

易知,当 $a < 0$ 时,方程 $x^2 = a\mathrm{e}^x$ 无解;

当 $a = 0$ 时,方程 $x^2 = a\mathrm{e}^x$ 只有唯一解 $x = 0$;

当 $a > 0$ 时,方程 $x^2 = a\mathrm{e}^x \Leftrightarrow 2\ln|x| = \ln a + x$.

令 $f(x) = 2\ln|x| - x - \ln a, f'(x) = \dfrac{2}{x} - 1 = \dfrac{2-x}{x}$.

列表如下

x	$(-\infty, 0)$	0	$(0, 2)$	2	$(2, +\infty)$
$f'(x)$	$-$		$+$		$-$
单调性	递减		递增		递减
极值				极大值点	

极大值 $f(2) = 2\ln 2 - 2 - \ln a$, $\lim\limits_{x \to +\infty} f(x) = \lim\limits_{x \to +\infty} x\left(\dfrac{2\ln|x|}{x} - 1 - \dfrac{\ln a}{x}\right) = -\infty$,

$$\lim_{x \to -\infty} f(x) = +\infty$$

$$\lim_{x \to 0^+} f(x) = -\infty, \quad \lim_{x \to 0^-} f(x) = -\infty$$

如图所示

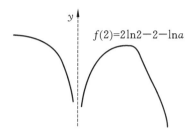

$f(2) = 2\ln 2 - 2 - \ln a$

当 $\dfrac{4}{e^2} > a > 0$ 时,方程在 $(-\infty, 0),(0,2),(2,+\infty)$ 上各有一个实根;

当 $\dfrac{4}{e^2} = a$ 时,方程在 $(-\infty, 0)$ 上及 $x = 2$ 处各有一个实根;

当 $a > \dfrac{4}{e^2}$ 时,方程在 $(-\infty, 0)$ 上有一个实根.

【解法二】

原方程变形为 $x^2 e^{-x} = a$,令 $f(x) = x^2 e^{-x} - a$,则

$$f'(x) = 2x e^{-x} - x^2 e^{-x} = e^{-x} x(2 - x)$$

得驻点 $x_1 = 0, x_2 = 2$,列表如下

x	$(-\infty, 0)$	0	$(0,2)$	2	$(2,+\infty)$
$f'(x)$	$-$		$+$		$-$
单调性	递减		递增		递减
极值		极小值点		极大值点	

$$f(0) = -a, \quad f(2) = \frac{4}{e^2} - a, \quad f(+\infty) = -a, \quad f(-\infty) = +\infty$$

如图所示

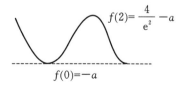

$f(2) = \dfrac{4}{e^2} - a$

$f(0) = -a$

当 $-a > 0$ 时,即 $a < 0$,方程无实根;

当 $\dfrac{4}{e^2} > a > 0$ 时,方程在 $(-\infty, 0),(0,2),(2,+\infty)$ 上各有一个实根;

当 $a = \dfrac{4}{e^2}$ 时,方程在 $(-\infty,0)$ 上及 $x=2$ 处各有一个实根.

当 $a > \dfrac{4}{e^2}$ 时,方程在 $(-\infty,0)$ 上有一个实根.

19.【证法一】

$a_n > 0, \dfrac{a_{n+1}}{a_n} \leqslant 1 - \dfrac{p}{n} \Rightarrow \dfrac{a_{n+1}}{a_n} \leqslant 1, a_n$ 单调递减且 $\dfrac{a_{n+1}}{a_n} \leqslant 1 - \dfrac{p}{n}$

$\Leftrightarrow pa_n - a_{n+1} \leqslant na_n - (n+1)a_{n+1} \Rightarrow (p-1)a_n \leqslant pa_n - a_{n+1} \leqslant na_n - (n+1)a_{n+1}$,

即 na_n 单调递减且有下界 0.

所以 $\lim\limits_{n\to\infty} na_n = A$ 存在 $\Rightarrow$ 级数 $\sum\limits_{n=1}^{\infty} [na_n - (n+1)a_{n+1}]$ 收敛 $\Rightarrow \sum\limits_{n=1}^{\infty} a_n$ 收敛.

【证法二】

$p > 1$,选取实数 $\alpha, 1 < \alpha < p$

考虑级数 $\sum\limits_{n=1}^{\infty} \dfrac{1}{n^{\alpha}} (\alpha > 1), b_n = \dfrac{1}{n^{\alpha}}, \sum\limits_{n=1}^{\infty} b_n$ 收敛.

$\lim\limits_{n\to\infty} n \left(\dfrac{b_{n+1}}{b_n} - 1 \right) = \lim\limits_{n\to\infty} n \left[\left(1 - \dfrac{1}{n+1} \right)^{\alpha} - 1 \right] = \lim\limits_{n\to\infty} n \left(-\dfrac{1}{n+1} \right) \alpha = -\alpha > -p$

即当 n 充分大时,$n \left(\dfrac{a_{n+1}}{a_n} - 1 \right) \leqslant -p < n \left(\dfrac{b_{n+1}}{b_n} - 1 \right) \Leftrightarrow \dfrac{a_{n+1}}{a_n} < \dfrac{b_{n+1}}{b_n}$

由 $\sum\limits_{n=1}^{\infty} b_n$ 收敛可知,$\sum\limits_{n=1}^{\infty} a_n$ 收敛.

20.【解】 设 $\vec{n}$ 的单位外法向量 $\vec{n^0} = (\cos\alpha, \cos\beta, \cos\gamma)$

$\cos(\vec{r}, \vec{n}) = \dfrac{(x-x_0)\cos\alpha + (y-y_0)\cos\beta + (z-z_0)\cos\gamma}{r}$

$I = \iint\limits_{\Sigma} \dfrac{x-x_0}{r^3} dy\,dz + \dfrac{y-y_0}{r^3} dx\,dz + \dfrac{z-z_0}{r^3} dx\,dy, P = \dfrac{x-x_0}{r^3}$,

$Q = \dfrac{y-y_0}{r^3}, R = \dfrac{z-z_0}{r^3}$

$\dfrac{\partial P}{\partial x} + \dfrac{\partial Q}{\partial y} + \dfrac{\partial R}{\partial z} = \dfrac{r^2 - 3(x-x_0)^2}{r^5} + \dfrac{r^2 - 3(y-y_0)^2}{r^5} + \dfrac{r^2 - 3(z-z_0)^2}{r^5} = 0$

当 P_0 为 Σ 包围的内部的点时,

选取 $\Sigma_1: (x-x_0)^2 + (y-y_0)^2 + (z-z_0)^2 = \varepsilon^2$ (ε 是充分小的正数) 外侧

$\Omega_1: (x-x_0)^2 + (y-y_0)^2 + (z-z_0)^2 \leqslant \varepsilon^2$

$$I = \frac{1}{\varepsilon^3} \iint\limits_{\Sigma_1} (x-x_0)\mathrm{d}y\,\mathrm{d}z + (y-y_0)\mathrm{d}x\,\mathrm{d}z + (z-z_0)\mathrm{d}x\,\mathrm{d}y \xlongequal{\text{Gauss 公式}} \frac{1}{\varepsilon^3} \iiint\limits_{\Omega_1} 3\mathrm{d}x\,\mathrm{d}y\,\mathrm{d}z$$

$$= \frac{1}{\varepsilon^3} \cdot 3 \cdot \frac{4}{3}\pi\varepsilon^3 = 4\pi.$$

当 P_0 在曲面 Σ 的外部时,

$$I \xlongequal{\text{Gauss 公式}} \iiint\limits_{\Omega} \left(\frac{\partial P}{\partial x} + \frac{\partial Q}{\partial y} + \frac{\partial R}{\partial z}\right)\mathrm{d}V = 0, \text{其中 } \Omega \text{ 是由 } \Sigma \text{ 围成的立体}.$$

21.【解】 (1) $f(x,y) = f_X(x) f_{Y|X}(y \mid x) = \begin{cases} \mathrm{e}^{-x}, & 0 < y < x \\ 0, & \text{其他} \end{cases}$

Y 的密度函数为 $f_Y(y) = \int_{-\infty}^{+\infty} f(x,y)\mathrm{d}x = \int_y^{+\infty} \mathrm{e}^{-x}\mathrm{d}x = \mathrm{e}^{-y} (y > 0)$,即

$$f_Y(y) = \begin{cases} \mathrm{e}^{-y}, & y > 0 \\ 0, & \text{其他} \end{cases}$$

$f(x,y) \neq f_X(x) f_Y(y) \Rightarrow X,Y$ 不独立.

(2) $P\left(X+Y < 1 \mid X > \dfrac{1}{2}\right) = \dfrac{P\left(X+Y < 1, X > \dfrac{1}{2}\right)}{P\left(X > \dfrac{1}{2}\right)} = \dfrac{\displaystyle\int_{\frac{1}{2}}^1 \mathrm{d}x \int_0^{1-x} \mathrm{e}^{-x}\mathrm{d}y}{\displaystyle\int_{\frac{1}{2}}^{+\infty} \mathrm{d}x \int_0^x \mathrm{e}^{-x}\mathrm{d}y}$

$$= \dfrac{\mathrm{e}^{-1} - \dfrac{1}{2}\mathrm{e}^{-\frac{1}{2}}}{\dfrac{3}{2}\mathrm{e}^{-\frac{1}{2}}} = \dfrac{2}{3}\left(\dfrac{1}{\sqrt{\mathrm{e}}} - \dfrac{1}{2}\right)$$

$$P\left(Y < \frac{1}{4} \mid X = \frac{1}{2}\right) = \int_0^{\frac{1}{4}} 2\mathrm{d}y = \frac{1}{2}.$$

(3) 设 $Z = X-Y$ 的密度函数为 $f_Z(z)$,则 $f_Z(z) = \int_{-\infty}^{+\infty} f(z+y, y)\mathrm{d}y$

$f(z+y, y) = \mathrm{e}^{-(z+y)}$,当且仅当 $0 < y < z+y \Rightarrow z > 0$.

当 $z > 0$ 时,$f_Z(z) = \int_0^{+\infty} \mathrm{e}^{-(z+y)}\mathrm{d}y = \mathrm{e}^{-z}$,即 $f_Z(z) = \begin{cases} \mathrm{e}^{-z}, & z > 0 \\ 0, & \text{其他} \end{cases}$.

22.【解】 考虑方程组 $\boldsymbol{\beta} = x_1\boldsymbol{\alpha}_1 + x_2\boldsymbol{\alpha}_2 + x_3\boldsymbol{\alpha}_3 \Leftrightarrow \begin{cases} x_1 + x_2 + tx_3 = 4 \\ -x_1 + tx_2 + x_3 = t^2 \\ x_1 - x_2 + 2x_3 = -4 \end{cases}$

$\Leftrightarrow \boldsymbol{AX} = \boldsymbol{\beta}$

$$\boldsymbol{A} = \begin{pmatrix} 1 & 1 & t \\ -1 & t & 1 \\ 1 & -1 & 2 \end{pmatrix}, \boldsymbol{\beta} = \begin{pmatrix} 4 \\ t^2 \\ -4 \end{pmatrix}, \boldsymbol{X} = \begin{pmatrix} x_1 \\ x_2 \\ x_3 \end{pmatrix}$$

对增广矩阵(A, β)作初等行变换

$$\begin{pmatrix} 1 & 1 & t & 4 \\ -1 & t & 1 & t^2 \\ 1 & -1 & 2 & -4 \end{pmatrix} \rightarrow \begin{pmatrix} 1 & 1 & t & \vdots & 4 \\ 0 & t+1 & t+1 & \vdots & 4+t^2 \\ 0 & -2 & 2-t & \vdots & -8 \end{pmatrix}$$

$$\Rightarrow |A| = (t+1)(4-t) = 0, t = -1 \text{ 或 } t = 4$$

当 $t = -1$ 时，$(A, \beta) \rightarrow \begin{pmatrix} 1 & 1 & -1 & 4 \\ 0 & 0 & 0 & 5 \\ 0 & -2 & 3 & -8 \end{pmatrix}$，方程无解

当 $t = 4$ 时，$(A, \beta) \rightarrow \begin{pmatrix} 1 & 1 & 4 & 4 \\ 0 & 5 & 5 & 20 \\ 0 & -2 & -2 & -8 \end{pmatrix} \rightarrow \begin{pmatrix} 1 & 1 & 4 & 4 \\ 0 & 1 & 1 & 4 \\ 0 & 0 & 0 & 0 \end{pmatrix} \rightarrow \begin{pmatrix} 1 & 0 & 3 & \vdots & 0 \\ 0 & 1 & 1 & \vdots & 4 \\ 0 & 0 & 0 & \vdots & 0 \end{pmatrix}$

原方程等价于 $\begin{cases} x_1 + 3x_3 = 0 \\ x_2 + x_3 = 4 \end{cases} \Leftrightarrow \begin{cases} x_1 = -3x_3 \\ x_2 = -x_3 + 4 \\ x_3 = x_3 \end{cases}$，所求 $X = k\begin{pmatrix} -3 \\ -1 \\ 1 \end{pmatrix} + \begin{pmatrix} 0 \\ 4 \\ 0 \end{pmatrix}$

当 $t \neq -1$ 且 $t \neq 4$ 时，$AX = \beta$ 只有唯一解

$$AX = \beta \Leftrightarrow \begin{cases} x_1 + x_2 + tx_3 = 4 \\ x_2 + x_3 = \dfrac{4+t^2}{1+t} \\ -2x_2 + (2-t)x_3 = -8 \end{cases} \text{，解之得} \begin{cases} x_1 = \dfrac{t^2+2t}{1+t} \\ x_2 = \dfrac{t^2+2t+4}{1+t} \\ x_3 = \dfrac{-2t}{1+t} \end{cases}$$

$$\beta = \frac{t^2+2t}{1+t}\alpha_1 + \frac{t^2+2t+4}{1+t}\alpha_2 - \frac{2t}{1+t}\alpha_3$$

故：(1) 当 $t = 4$ 时，β 可由 $\alpha_1, \alpha_2, \alpha_3$ 线性表示，且表示法不唯一，此时

$$\beta = (-3k)\alpha_1 + (-k+4)\alpha_2 + k\alpha_3,$$

其中 k 为任意常数；

(2) 当 $t \neq -1$ 且 $t \neq 4$ 时，β 可由 $\alpha_1, \alpha_2, \alpha_3$ 线性表示，且表示法唯一，此时

$$\beta = \frac{t^2+2t}{1+t}\alpha_1 + \frac{t^2+2t+4}{1+t}\alpha_2 - \frac{2t}{1+t}\alpha_3;$$

(3) 当 $t = -1$ 时，β 不能由 $\alpha_1, \alpha_2, \alpha_3$ 线性表示.

数学模拟试题七参考答案

一、选择题:1 ～ 10 小题,每小题 5 分,共 50 分.下列每题给出的四个选项中,只有一个选项是最符合题目要求的.

1. 选 D

【解】 $M = 2\int_0^1 \ln(1+x^2)\mathrm{d}x + 2 < N = 2\int_0^1 x^2 \mathrm{d}x + 2$,

$P = 2\int_0^1 \mathrm{e}^{x^2}\mathrm{d}x > 2\int_0^1 (x^2+1)\mathrm{d}x = N$.

2. 选 A

【解法一】

易知 $y = y(x)$ 在 x 处可微,$\Delta y = y'\Delta x + o(\Delta x)$

故 $-y^{-1} = \int \dfrac{1}{\sqrt{1-x^2}}\mathrm{d}x = \arcsin x + C$

$y(0) = \dfrac{1}{\pi}, C = -\pi, y = \dfrac{1}{\pi - \arcsin x}, y(1) = \dfrac{2}{\pi}$.

【解法二】

在方程 $\Delta y = \dfrac{y^2 \Delta x}{\sqrt{1-x^2}} + o(\Delta x)$ 两边同时除以 Δx,并令 $\Delta x \to 0$,得 $y' = \dfrac{y^2}{\sqrt{1-x}}$,后续步骤同解法一.

3. 选 C

【解】 当 $x \to 0$ 时,$\mathrm{e}^{2x} - 1 \sim 2x$,$\displaystyle\int_x^1 \dfrac{\sin(xy)}{y}\mathrm{d}y \xrightarrow{\text{令} xy = t} \int_{x^2}^x \dfrac{\sin t}{t}\mathrm{d}t \sim \int_{x^2}^x 1\mathrm{d}t = x - x^2 \sim x$

所以 $I = \lim\limits_{x \to 0} \dfrac{2x}{x} = 2$.

4. 选 C

【解】 $\displaystyle\sum_{n=1}^{\infty} \dfrac{3^n + (-2)^n}{n}(x+1)^n = \sum_{n=1}^{\infty} \dfrac{3^n}{n}(x+1)^n + \sum_{n=1}^{\infty} \dfrac{(-2)^n}{n}(x+1)^n$

$\displaystyle = \sum_{n=1}^{\infty} a_n y^n + \sum_{n=1}^{\infty} b_n y^n$,

其中 $a_n = \dfrac{3^n}{n}$,$b_n = \dfrac{(-2)^n}{n}$,$y = (x+1)$

$\rho_1 = \lim\limits_{n \to \infty} \sqrt[n]{|a_n|} = 3, R_1 = \dfrac{1}{3}$;$\rho_2 = \lim\limits_{n \to \infty} \sqrt[n]{|b_n|} = 2, R_2 = \dfrac{1}{2}$,故 $R = \min(R_1, R_2) = \dfrac{1}{3}$.

$-\dfrac{1}{3} < x+1 < \dfrac{1}{3}$，即 $-\dfrac{4}{3} < x < -\dfrac{2}{3}$ 时，$\displaystyle\sum_{n=1}^{\infty} \dfrac{3^n + (-2)^n}{n}(x+1)^n$ 收敛；

当 $x = -\dfrac{4}{3}$ 时，$\displaystyle\sum_{n=1}^{\infty} \dfrac{3^n + (-2)^n}{n}(x+1)^n = \displaystyle\sum_{n=1}^{\infty}(-1)^n \dfrac{1}{n} + \displaystyle\sum_{n=1}^{\infty}\left(\dfrac{2}{3}\right)^n \dfrac{1}{n}$ 收敛；

当 $x = -\dfrac{2}{3}$ 时，$\displaystyle\sum_{n=1}^{\infty} \dfrac{3^n + (-2)^n}{n}(x+1)^n = \displaystyle\sum_{n=1}^{\infty} \dfrac{1}{n} + \displaystyle\sum_{n=1}^{\infty}(-1)^n \left(\dfrac{2}{3}\right)^n \dfrac{1}{n}$ 发散.

故收敛域为 $\left[-\dfrac{4}{3}, -\dfrac{2}{3}\right)$.

5. 选 D

【解】　设 $\boldsymbol{A}$ 为 n 阶可逆方阵，则 $\boldsymbol{A}\boldsymbol{A}^* = |\boldsymbol{A}|\boldsymbol{E}$，$(\boldsymbol{A}^*)^{-1} = \dfrac{\boldsymbol{A}}{|\boldsymbol{A}|}$，$|\boldsymbol{A}^*| = |\boldsymbol{A}|^{n-1}$

故 $\boldsymbol{A}^*(\boldsymbol{A}^*)^* = |\boldsymbol{A}^*|\boldsymbol{E} = |\boldsymbol{A}|^{n-1}\boldsymbol{E}$，$(\boldsymbol{A}^*)^* = |\boldsymbol{A}|^{n-1}(\boldsymbol{A}^*)^{-1} = |\boldsymbol{A}|^{n-2}\boldsymbol{A}$，故当 $n = 3$ 时，$(\boldsymbol{A}^*)^* = |\boldsymbol{A}|\boldsymbol{A}$.

6. 选 C

【解】　略.

7. 选 D

【解】　略.

8. 选 A

X_1 \\ X_2	-1	0	1
-1	0	$\dfrac{1}{4}$	0
0	$\dfrac{1}{4}$	0	$\dfrac{1}{4}$
1	0	$\dfrac{1}{4}$	0

【解】　$P(X_1 X_2 \neq 0) = 1 - P(X_1 X_2 = 0) = 0$

$\Leftrightarrow P(X_1 = -1, X_2 = -1) = 0, P(X_1 = -1, X_2 = 1) = 0,$

$P(X_1 = 1, X_2 = -1) = 0, P(X_1 = 1, X_2 = 1) = 0$

(X_1, X_2) 的概率分布如图所示.

故 $P(X_1 = X_2) = P(X_1 = X_2 = -1) + P(X_1 = X_2 = 1) + P(X_1 = X_2 = 0) = 0$.

9. 选 A

【解】 $u = \dfrac{\overline{X} - \mu}{\dfrac{2}{5}} = \dfrac{5(\overline{X} - \mu)}{2} \sim N(0,1)$，拒绝域 $|u| > u_{\frac{\alpha}{2}} = u_{0.025} = 1.96$

只有 $\mu = 9$ 时，$u = \dfrac{5}{2} = 2.5 > 1.96$.

10. 选 B

【解】 $F \sim F(n,n)$，$\dfrac{1}{F} \sim F(n,n)$

$P(F > x) = P\left(\dfrac{1}{F} < \dfrac{1}{x}\right) = P\left(F < \dfrac{1}{x}\right) = 0.05$

故 $P\left(\dfrac{1}{x} < F < x\right) = 1 - 0.05 \times 2 = 0.9$.

二、填空题：11 ~ 16 小题，每小题 5 分，共 30 分.

11. $-2^{100} \times 100!$

【解】 $a^3 - b^3 = (a-b)(a^2 + ab + b^2)$，

$f(x) = \dfrac{1-2x}{1-(2x)^3} = (1-2x)\left[1 + (8x^3) + (8x^3)^2 + \cdots + (8x^3)^n + \cdots\right]$

x^{100} 的系数为 -2^{100}.

故 $\dfrac{f^{(100)}(0)}{100!} = -2^{100} \Rightarrow f^{(100)}(0) = -2^{100} \times 100!$.

12. $\dfrac{\pi^2}{4}$

【解】 $\displaystyle\int_C \dfrac{xy}{2-y^2}\mathrm{d}x = \int_0^\pi \dfrac{x\sin x}{2-\sin^2 x}\mathrm{d}x = \int_0^{\frac{\pi}{2}}\left[\dfrac{x\sin x}{2-\sin^2 x} + \dfrac{(\pi-x)\sin(\pi-x)}{2-\sin^2(\pi-x)}\right]\mathrm{d}x$

$\qquad = \displaystyle\int_0^{\frac{\pi}{2}} \dfrac{\pi\sin x}{2-\sin^2 x}\mathrm{d}x$

$\qquad = -\displaystyle\int_0^{\frac{\pi}{2}} \dfrac{\pi}{1+\cos^2 x}\mathrm{d}(\cos x) \xrightarrow{\cos x = t} \pi\int_0^1 \dfrac{1}{1+t^2}\mathrm{d}t = \dfrac{\pi^2}{4}$.

13. $x + y - z + 9 = 0$ 或 $x + y - z - 9 = 0$

【解】 曲面 $x^2 + 4y^2 + z^2 = 36$ 上某点 (x_0, y_0, z_0) 的法矢 $\vec{n} = \{x_0, 4y_0, z_0\}$，依题设

$\begin{cases} \dfrac{x_0}{1} = \dfrac{4y_0}{1} = \dfrac{z_0}{-1} = t \\ x_0^2 + 4y_0^2 + z_0^2 = 36 \end{cases}$，解之得 $t = \pm 4$，(x_0, y_0, z_0) 为 $(4,1,-4)$ 或 $(-4,-1,4)$

故所求切平面方程为 $1 \cdot (x-4) + 1 \cdot (y-1) - (z+4) = 0$ 或 $(x+4) + (y+1) - (z-4) = 0$.

即 $x+y-z-9=0$ 或 $x+y-z+9=0$.

14. $e^{\int_0^a \ln f(x)\mathrm{d}x}$

【解】 令 $x_n = \left[\prod_{k=1}^n f\left(\dfrac{ak}{n}\right)\right]^{\frac{a}{n}}$，则 $\ln x_n = \dfrac{a}{n}\sum_{k=1}^n \ln f\left(\dfrac{ka}{n}\right)$

$\lim_{n\to\infty}\ln x_n = a\lim_{n\to\infty}\dfrac{1}{n}\sum_{k=1}^n \ln f\left(\dfrac{k}{n}a\right) = a\int_0^1 \ln f(ax)\,\mathrm{d}x \xlongequal{ax=t} \int_0^a \ln f(t)\,\mathrm{d}t$

故 $x_n \to e^{\int_0^a \ln f(x)\mathrm{d}x}$.

15. $\begin{cases} x(1+y)^2 e^{-(y+1)x}, & x>0, y>0 \\ 0, & \text{其他} \end{cases}$

【解】 $f_Y(y) = \int_{-\infty}^{+\infty} f(x,y)\,\mathrm{d}x = \dfrac{1}{y+1}\int_0^{+\infty} x(y+1)e^{-(y+1)x}\,\mathrm{d}x = \dfrac{1}{(y+1)^2}$，即

$f_Y(y) = \begin{cases} \dfrac{1}{(1+y)^2}, & y>0 \\ 0, & \text{其他} \end{cases}$

所以 $f_{X|Y}(x\mid y) = \dfrac{f(x,y)}{f_Y(y)} = \begin{cases} x(1+y)^2 e^{-(y+1)x}, & x>0, y>0 \\ 0, & \text{其他} \end{cases}$.

16. $-\dfrac{4}{5}<t<0$

【解】 $f(x_1,x_2,x_3) = X^{\mathrm{T}}AX$，其中 A 为 $\begin{pmatrix} 1 & t & -1 \\ t & 1 & 2 \\ -1 & 2 & 5 \end{pmatrix}$.

A 是正定阵 $\Leftrightarrow 1>0$，$\begin{vmatrix} 1 & t \\ t & 1 \end{vmatrix}>0$，$|A|=-t(5t+4)>0$，即 $-\dfrac{4}{5}<t<0$.

三、解答题：17～22 小题，共 70 分.解答应写出文字说明、证明过程或演算步骤.

17.【解】 曲面 $\Sigma: z=\dfrac{b}{a}\sqrt{x^2+y^2}\ (0\leqslant z\leqslant b)$，密度 $\mu=1$，

$\mathrm{d}S = \sqrt{1+(z_x')^2+(z_y')^2}\,\mathrm{d}x\,\mathrm{d}y = \dfrac{\sqrt{a^2+b^2}}{a}\mathrm{d}x\,\mathrm{d}y$

设 $P(x,y,z)\in\Sigma$，$P(x,y,z)$ 到直线 $L:\begin{cases} y=0 \\ z=b \end{cases}$ 的距离 $d=\sqrt{(z-b)^2+y^2}$.

$I_L = \iint_{\Sigma} d^2 u\,\mathrm{d}S = \iint_{x^2+y^2\leqslant a^2}\left[\left(\dfrac{b}{a}\sqrt{x^2+y^2}-b\right)^2+y^2\right]\dfrac{\sqrt{a^2+b^2}}{a}\mathrm{d}x\,\mathrm{d}y$

$= \dfrac{\pi}{12}a\sqrt{a^2+b^2}(3a^2+2b^2)$.

18. (1)【解法一】

设 S 的方程为 $z=f(x,y)$，$(x,y)\in D$，区域 D 为 S 在 xOy 面上的投影，C 为 S 的边界线，由斯托克斯公式

$$\oint_C M(x,y,z)\mathrm{d}y=\oint_C 0\mathrm{d}x+M\mathrm{d}y+0\mathrm{d}z=\iint_S\left(0-\frac{\partial M}{\partial z}\right)\mathrm{d}y\mathrm{d}z+0\mathrm{d}x\mathrm{d}z+\left(\frac{\partial M}{\partial x}-0\right)\mathrm{d}x\mathrm{d}y$$

$$=\iint_S\frac{\partial M}{\partial x}\mathrm{d}x\mathrm{d}y-\iint_S\frac{\partial M}{\partial z}\mathrm{d}y\mathrm{d}z=\iint_S\frac{\partial M}{\partial x}\mathrm{d}x\mathrm{d}y-\frac{\partial M}{\partial z}\mathrm{d}y\mathrm{d}z$$

其中 S 的侧与曲线 C 的正向构成右手法则.

【解法二】

设 S 为 $z=f(x,y)$ 以 C 为边界线的曲面，$(x,y)\in D$，D 为 S 在 xOy 面上的投影区域，$\vec{n^0}=\{\cos\alpha,\cos\beta,\cos\gamma\}$ 为曲面 S 上任意点 (x,y,z) 的单位外法向量（上侧）.

$$\begin{cases}\cos\alpha\,\mathrm{d}S=\mathrm{d}y\mathrm{d}z\\ \cos\gamma\,\mathrm{d}S=\mathrm{d}x\mathrm{d}y\end{cases}$$

$$\Rightarrow\mathrm{d}y\mathrm{d}z=\frac{\cos\alpha}{\cos\gamma}\mathrm{d}x\mathrm{d}y=-z'_x\,\mathrm{d}x\mathrm{d}y$$

于是

$$\iint_S\frac{\partial M}{\partial x}\mathrm{d}x\mathrm{d}y-\frac{\partial M}{\partial z}\mathrm{d}y\mathrm{d}z=\iint_S\left(\frac{\partial M}{\partial x}+\frac{\partial M}{\partial z}\frac{\partial z}{\partial x}\right)\mathrm{d}x\mathrm{d}y$$

$$=\iint_D\frac{\partial M(x,y,f(x,y))}{\partial x}\mathrm{d}x\mathrm{d}y=\oint_C M(x,y,f(x,y))\,\mathrm{d}y$$

$$=\oint_C M(x,y,z)\,\mathrm{d}y.$$

(2)【解】 取曲面 S：$y=z$（$x^2+y^2+z^2\leqslant 1$）上侧，对应的单位法矢

$$\vec{n^0}=\left\{0,-\frac{1}{\sqrt{2}},\frac{1}{\sqrt{2}}\right\},\cos\alpha=0$$

$\cos\alpha\,\mathrm{d}S=\mathrm{d}y\mathrm{d}z=0$（平面 $y=z$ 与坐标平面 Oyz 垂直），S 在 xOy 面上的投影区域 D 为 $x^2+2y^2\leqslant 1$

由(1)知：$\oint_C xyz\,\mathrm{d}y=\iint_S yz\mathrm{d}x\mathrm{d}y-xy\mathrm{d}y\mathrm{d}z$

$$=\iint_{x^2+2y^2\leqslant 1}y^2\mathrm{d}x\mathrm{d}y\xrightarrow{\begin{cases}x=u\\ \sqrt{2}y=v\end{cases}}\frac{1}{2\sqrt{2}}\iint_{u^2+v^2\leqslant 1}v^2\mathrm{d}u\mathrm{d}v=\frac{\sqrt{2}}{16}\pi.$$

19.【解】 $y'=\frac{1}{1-x^2}+\frac{x}{(1-x^2)}\frac{\arcsin x}{\sqrt{1-x^2}}=\frac{1}{1-x^2}+\frac{x}{1-x^2}y$

$$\Leftrightarrow(1-x^2)y'=1+xy$$

对上述等式两边同时求 n 阶导，得

$$(1-x^2)y^{(n+1)}-C_n^1 2xy^{(n)}-C_n^2 2y^{(n-1)}=xy^{(n)}+C_n^1 y^{(n-1)}$$

令 $x = 0$ 代入并整理,得 $y^{(n+1)}(0) = n^2 y^{(n-1)}(0)$

$\therefore y^{(n)}(0) = (n-1)^2 y^{(n-2)}(0)$.

再由 $y'(0) = 1, y''(0) = 0$ 知:当 n 为偶数时,$y^{(n)}(0) = 0$;

当 n 为奇数时,$y^{(n)} = 2^2 \cdot 4^2 \cdot \cdots \cdot (n-1)^2$.

故 $f(x) = \sum_{n=0}^{\infty} \frac{f^{(n)}(0)}{n!} x^n = x + \sum_{n=1}^{\infty} \frac{2 \cdot 4 \cdot 6 \cdot \cdots \cdot (2n)}{3 \cdot 5 \cdot 7 \cdot \cdots \cdot (2n+1)} x^{2n+1}$

$$= x + \sum_{n=1}^{\infty} \frac{(2n)!!}{(2n+1)!!} x^{2n+1}$$

$a_n = \frac{(2n)!!}{(2n+1)!!}, \rho = \lim_{n \to \infty} \left| \frac{a_{n+1}}{a_n} \right| = \lim_{n \to \infty} \frac{2n+2}{2n+3} = 1, R = 1 = \frac{1}{\rho}$.

当 $x = 1$ 时,利用 $b > a > 1, \frac{a-1}{b-1} < \frac{a}{b} < \frac{a+1}{b+1}$,有

$\frac{1 \cdot 3 \cdot 5 \cdot \cdots \cdot (2n-1)}{2 \cdot 4 \cdot 6 \cdot \cdots \cdot (2n)} = \frac{1}{a_n} \frac{1}{2n+1} < a_n$

$a_n = \frac{2 \cdot 4 \cdot 6 \cdot \cdots \cdot (2n)}{3 \cdot 5 \cdot 7 \cdot \cdots \cdot (2n+1)} < \frac{3 \cdot 5 \cdot 7 \cdot \cdots \cdot (2n+1)}{4 \cdot 6 \cdot 8 \cdot \cdots \cdot (2n+2)} = \frac{1}{a_n} \frac{1}{n+1}$,

$$\frac{1}{\sqrt{2n+1}} < a_n < \frac{1}{\sqrt{n+1}}$$

$\sum_{n=1}^{\infty} \frac{1}{\sqrt{2n+1}}$ 发散 $\Rightarrow \sum_{n=1}^{\infty} a_n$ 发散,同理 $x = -1$ 时,$\sum_{n=1}^{\infty} a_n (-1)^{2n+1} = -\sum_{n=1}^{\infty} a_n$ 发散

所以收敛域为 $(-1, 1)$.

20.【解】 把 $f(x)$ 定义域延拓成 $[-\pi, \pi]$ 上的奇函数

$b_n = \frac{2}{\pi} \int_0^{\pi} f(x) \sin(nx) \mathrm{d}x = \frac{2}{\pi} \left[\int_0^1 \frac{\pi-1}{2} x \sin(nx) \mathrm{d}x + \int_1^{\pi} \frac{\pi-x}{2} \sin(nx) \mathrm{d}x \right] = \frac{\sin n}{n^2}$

$\therefore f(x) = \sum_{n=1}^{\infty} \frac{\sin n}{n^2} \sin(nx), x \in [-\pi, \pi]$,特别地,取 $x = 1$ 时

$f(1) = \sum_{n=1}^{\infty} \frac{\sin^2 n}{n^2} = \frac{\pi-1}{2}$.

21. (1)【证明】 $f(x_1, x_2, x_3) = \boldsymbol{X}^{\mathrm{T}} \boldsymbol{A} \boldsymbol{X}, g(y_1, y_2, y_3) = \boldsymbol{Y}^{\mathrm{T}} \boldsymbol{B} \boldsymbol{Y}$,其中

$$\boldsymbol{A} = \begin{pmatrix} 0 & 3 & -3 \\ 3 & 0 & -3 \\ -3 & -3 & 6 \end{pmatrix}, \boldsymbol{B} = \begin{pmatrix} 0 & -1 & -1 \\ -1 & 8 & 3 \\ -1 & 3 & -2 \end{pmatrix}$$

A, B 均为实对称矩阵，且 A, B 的特征多项式分别为

$$f_A(\lambda) = |\lambda E - A| = \lambda(\lambda + 3)(\lambda - 9), f_B(\lambda) = |\lambda E - B| = \lambda(\lambda + 3)(\lambda - 9)$$

A, B 的特征值都为 $\lambda_1 = 0, \lambda_2 = -3, \lambda_3 = 9$，故 $A \sim B \sim \begin{pmatrix} 0 & 0 & 0 \\ 0 & -3 & 0 \\ 0 & 0 & 9 \end{pmatrix}$

存在正交阵 $Q_1, Q_1^T A Q_1 = \begin{pmatrix} 0 & 0 & 0 \\ 0 & -3 & 0 \\ 0 & 0 & 9 \end{pmatrix}$；存在正交阵 $Q_2, Q_2^T B Q_2 = \begin{pmatrix} 0 & 0 & 0 \\ 0 & -3 & 0 \\ 0 & 0 & 9 \end{pmatrix}$.

所以 $Q_1^T A Q_1 = Q_2^T B Q_2 \Leftrightarrow Q_2 Q_1^T A Q_1 Q_2^T = B$.

令 $P = Q_1 Q_2^T$，则 P 为正交阵，且 $P^T A P = B$.

(2)【解】　先求 $Q_1, \lambda_1 = 0$：$(\lambda_1 E - A)X = 0 \Leftrightarrow \begin{cases} x_2 - x_3 = 0 \\ x_1 - x_3 = 0 \\ -x_1 - x_2 + 2x_3 = 0 \end{cases}, X_1 = \begin{pmatrix} 1 \\ 1 \\ 1 \end{pmatrix}$

$\lambda_2 = -3$：$(\lambda_2 E - A)X = 0 \Leftrightarrow \begin{pmatrix} -3 & -3 & 3 \\ -3 & -3 & 3 \\ 3 & 3 & -9 \end{pmatrix} \begin{pmatrix} x_1 \\ x_2 \\ x_3 \end{pmatrix} = 0, X_2 = \begin{pmatrix} 1 \\ -1 \\ 0 \end{pmatrix}$

$\lambda_3 = 9$：$(\lambda_3 E - A)X = 0 \Leftrightarrow \begin{pmatrix} 9 & -3 & 3 \\ -3 & 9 & 3 \\ 3 & 3 & 3 \end{pmatrix} X = 0, X_3 = \begin{pmatrix} 1 \\ 1 \\ -2 \end{pmatrix}$

$$Q_1 = \begin{pmatrix} \dfrac{1}{\sqrt{3}} & \dfrac{1}{\sqrt{2}} & \dfrac{1}{\sqrt{6}} \\ \dfrac{1}{\sqrt{3}} & -\dfrac{1}{\sqrt{2}} & \dfrac{1}{\sqrt{6}} \\ \dfrac{1}{\sqrt{3}} & 0 & -\dfrac{2}{\sqrt{6}} \end{pmatrix}$$

再求 $Q_2, \lambda_1 = 0$ 时：$(\lambda_1 E - B)X = 0 \Leftrightarrow \begin{cases} -x_2 - x_3 = 0 \\ -x_1 + 8x_2 + 3x_3 = 0, \alpha_1 = \begin{pmatrix} 5 \\ 1 \\ -1 \end{pmatrix} \\ -x_1 + 3x_2 - 2x_3 = 0 \end{cases}$

$\lambda_2 = -3$：$(\lambda_2 E - B)X = 0 \Leftrightarrow \begin{pmatrix} -3 & 1 & 1 \\ 1 & -11 & -3 \\ 1 & -3 & -1 \end{pmatrix} X = 0, \alpha_2 = \begin{pmatrix} 1 \\ -1 \\ 4 \end{pmatrix}$

$\lambda_3 = 9$：$(\lambda_3 E - B)X = 0 \Leftrightarrow \begin{pmatrix} 9 & 1 & 1 \\ 1 & 1 & -3 \\ 1 & -3 & 11 \end{pmatrix} X = 0, \alpha_3 = \begin{pmatrix} -1 \\ 7 \\ 2 \end{pmatrix}$

$$Q_2 = \begin{pmatrix} \dfrac{5}{\sqrt{27}} & \dfrac{1}{\sqrt{18}} & -\dfrac{1}{\sqrt{54}} \\[3mm] \dfrac{1}{\sqrt{27}} & -\dfrac{1}{\sqrt{18}} & \dfrac{7}{\sqrt{54}} \\[3mm] -\dfrac{1}{\sqrt{27}} & \dfrac{4}{\sqrt{18}} & \dfrac{2}{\sqrt{54}} \end{pmatrix}$$

$$P = Q_1 Q_2^{\mathrm{T}} = \begin{pmatrix} \dfrac{1}{\sqrt{3}} & \dfrac{1}{\sqrt{2}} & \dfrac{1}{\sqrt{6}} \\[3mm] \dfrac{1}{\sqrt{3}} & -\dfrac{1}{\sqrt{2}} & \dfrac{1}{\sqrt{6}} \\[3mm] \dfrac{1}{\sqrt{3}} & 0 & -\dfrac{2}{\sqrt{6}} \end{pmatrix} \begin{pmatrix} \dfrac{5}{\sqrt{27}} & \dfrac{1}{\sqrt{27}} & -\dfrac{1}{\sqrt{27}} \\[3mm] \dfrac{1}{\sqrt{18}} & -\dfrac{1}{\sqrt{18}} & \dfrac{4}{\sqrt{18}} \\[3mm] -\dfrac{1}{\sqrt{54}} & \dfrac{7}{\sqrt{54}} & \dfrac{2}{\sqrt{54}} \end{pmatrix} = \begin{pmatrix} \dfrac{2}{3} & \dfrac{1}{3} & \dfrac{2}{3} \\[3mm] \dfrac{1}{3} & \dfrac{2}{3} & -\dfrac{2}{3} \\[3mm] \dfrac{2}{3} & -\dfrac{2}{3} & -\dfrac{1}{3} \end{pmatrix}$$

令 $X = PY$，即 $\begin{cases} x_1 = \dfrac{2}{3}y_1 + \dfrac{1}{3}y_2 + \dfrac{2}{3}y_3 \\[2mm] x_2 = \dfrac{1}{3}y_1 + \dfrac{2}{3}y_2 - \dfrac{2}{3}y_3 \\[2mm] x_3 = \dfrac{2}{3}y_1 - \dfrac{2}{3}y_2 - \dfrac{1}{3}y_3 \end{cases}$ ，则 $f(x_1, x_2, x_3) = g(y_1, y_2, y_3)$.

22.【解】 (1) 如图所示，梯形 $OABC$ 面积 $S = \dfrac{3+6}{2} \times 4 = 18$

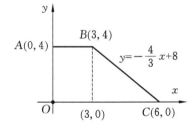

故 $f(x, y) = \begin{cases} \dfrac{1}{18}, & (x, y) \in D \\ 0, & \text{其他} \end{cases}$ ，其中 D 是由 $OABC$ 围成的梯形.

X 的边缘密度 $f_X(x) = \displaystyle\int_{-\infty}^{+\infty} f(x, y)\,\mathrm{d}y = \begin{cases} \displaystyle\int_0^4 \dfrac{1}{18}\,\mathrm{d}y = \dfrac{2}{9}, & 0 \leqslant x \leqslant 3 \\[3mm] \displaystyle\int_0^{-\frac{4}{3}x+8} \dfrac{1}{18}\,\mathrm{d}y = -\dfrac{2}{27}x + \dfrac{4}{9}, & 3 \leqslant x \leqslant 6 \\[3mm] 0, & \text{其他} \end{cases}$

Y 的边缘密度函数 $f_Y(y) = \int_{-\infty}^{+\infty} f(x,y)\mathrm{d}x = \begin{cases} \int_0^{6-\frac{3}{4}y} \dfrac{1}{18}\mathrm{d}x = \dfrac{1}{3} - \dfrac{1}{24}y, & 0 \leqslant y \leqslant 4 \\ 0, & \text{其他} \end{cases}$.

(2) $f_{Y|X}(y\mid x) = \dfrac{f(x,y)}{f_X(x)} = \begin{cases} \dfrac{1}{4}, & 0 \leqslant y \leqslant 4, \text{当 } 0 \leqslant x \leqslant 3 \text{ 时} \\[2mm] \dfrac{3}{-4x+24}, & 0 \leqslant y \leqslant -\dfrac{4}{3}x + 8, \text{当 } 0 \leqslant x \leqslant 3 \text{ 时} \\[2mm] 0, & \text{其他} \end{cases}$.

(3) $E(X) = \int_{-\infty}^{+\infty}\int_{-\infty}^{+\infty} x f(x,y)\mathrm{d}x\,\mathrm{d}y = \int_0^4 \mathrm{d}y \int_0^{6-\frac{3}{4}y} \dfrac{x}{18}\mathrm{d}x = \dfrac{7}{3}$

$E(Y) = \int_{-\infty}^{+\infty} y f_Y(y)\mathrm{d}y = \int_0^4 y\left(\dfrac{1}{3} - \dfrac{1}{24}y\right)\mathrm{d}y = \dfrac{16}{9}$

$E(XY) = \int_{-\infty}^{+\infty}\int_{-\infty}^{+\infty} xy f(x,y)\mathrm{d}x\,\mathrm{d}y = \int_0^3 x\,\mathrm{d}x \int_0^4 \dfrac{y}{18}\mathrm{d}y + \int_3^6 x\,\mathrm{d}x \int_0^{-\frac{4}{3}x+8} \dfrac{y}{18}\mathrm{d}y = \dfrac{11}{3}$

故 $\mathrm{Cov}(X,Y) = E(XY) - E(X)E(Y) = -\dfrac{13}{27}$.

数学模拟试题八参考答案

一、选择题:1~10 小题,每小题 5 分,共 50 分.下列每题给出的四个选项中,只有一个选项是最符合题目要求的.

1. 选 C

【解】 $f(x)$ 周期 $T = 2a(a > 0)$,则

$$S(x) = \frac{a_0}{2} + \sum_{n=1}^{\infty}\left(a_n\cos\left(\frac{n\pi}{a}x\right) + b_n\sin\left(\frac{n\pi}{a}x\right)\right)$$

$$= \begin{cases} f(x), & \text{当 } x \text{ 为}(0,2a)\text{上的连续点} \\ \dfrac{f(x^+) + f(x^-)}{2}, & \text{当 } x \text{ 为}(0,2a)\text{上的第一类间断点} \\ \dfrac{f(0^+) + f(2a^-)}{2}, & x = 0 \text{ 或 } x = 2a \end{cases},$$

其中 $a_n = \dfrac{1}{a}\displaystyle\int_{-a}^{a} f(x)\cos\dfrac{n\pi}{a}x\,\mathrm{d}x$,$b_n = \dfrac{1}{a}\displaystyle\int_{-a}^{a} f(x)\sin\dfrac{n\pi}{a}x\,\mathrm{d}x$

故 $S\left(-\dfrac{a}{2}\right) = S\left(2a - \dfrac{a}{2}\right) = S\left(\dfrac{3}{2}a\right) = f\left(\dfrac{3}{2}a\right) = \dfrac{a}{2}$,本题选 C.

2. 选 D

【解法一】

柱面 $x^2 + y^2 = R^2$ 外侧,令 $F(x,y,z) = x^2 + y^2 - R^2$

柱面的法矢 $\vec{n} = \{x, y, 0\}$,单位法矢 $\vec{n^0} = \left\{\dfrac{x}{k}, \dfrac{y}{k}, 0\right\} = \{\cos\alpha, \cos\beta, \cos\gamma\}$

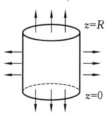

即 $\cos\gamma = 0$,$\cos\gamma\,\mathrm{d}S = \mathrm{d}x\,\mathrm{d}y = 0$,故 $\displaystyle\iint_{\Sigma}(x^2 + y^2)\mathrm{d}x\,\mathrm{d}y = 0$.

【解法二】

补充平面 $\begin{cases} \Sigma_1 : z = 0(x^2 + y^2 \leqslant R^2), & \text{下侧} \\ \Sigma_2 : z = R(x^2 + y^2 \leqslant R^2), & \text{上侧} \end{cases}$

$$\iint_{\Sigma}(x^2 + y^2)\mathrm{d}x\,\mathrm{d}y = \iint_{\Sigma+\Sigma_1+\Sigma_2}(x^2 + y^2)\mathrm{d}x\,\mathrm{d}y - \iint_{\Sigma_2}(x^2 + y^2)\mathrm{d}x\,\mathrm{d}y - \iint_{\Sigma_1}(x^2 + y^2)\mathrm{d}x\,\mathrm{d}y$$

$$\xlongequal{\text{Gauss 公式}} \iiint\limits_{\Omega} 0\,\mathrm{d}x\,\mathrm{d}y\,\mathrm{d}z - \iint\limits_{x^2+y^2\leqslant R^2} (x^2+y^2)\,\mathrm{d}x\,\mathrm{d}y + \iint\limits_{x^2+y^2\leqslant R^2} (x^2+y^2)\,\mathrm{d}x\,\mathrm{d}y = 0.$$

3. 选 B

【解】 A 错,如 $a_n = (-1)^n \dfrac{1}{\sqrt{n}}$, $\displaystyle\sum_{n=1}^{\infty} a_n$ 收敛,但 $\displaystyle\sum_{n=1}^{\infty} a_n^2 = \sum_{n=1}^{\infty} \dfrac{1}{n}$ 发散.

C 错,如 $a_n = (-1)^n \dfrac{1}{\sqrt{n}}$, $\displaystyle\sum_{n=1}^{\infty} a_n$ 收敛,但 $\displaystyle\sum_{n=1}^{\infty} \dfrac{(-1)^n}{\sqrt{n}} a_n = \sum_{n=1}^{\infty} \dfrac{1}{n}$ 发散.

D 错,如 $a_n = (-1)^n \dfrac{1}{\ln(n+1)}$, $\displaystyle\sum_{n=1}^{\infty} a_n$ 收敛,但 $\displaystyle\sum_{n=1}^{\infty} \dfrac{a_n}{n} = \sum_{n=1}^{\infty} (-1)^n \dfrac{1}{n\ln(n+1)}$ 条件收敛.

由排除法知 B 正确.

注:事实上 B 也可以直接用阿贝尔判别法 —— 若级数 $\displaystyle\sum_{n=1}^{\infty} a_n$ 收敛,b_n 单调有界,则级数 $\displaystyle\sum_{n=1}^{\infty} a_n b_n$ 收敛.

级数 $\displaystyle\sum_{n=1}^{\infty} \sqrt[n]{n}\, a_n$ 中,令 $b_n = \sqrt[n]{n}$,$n \geqslant 3$ 时,b_n 单调递减且 $1 \leqslant b_n \leqslant \sqrt[3]{3}$,而 $\displaystyle\sum_{n=1}^{\infty} a_n$ 收敛,由阿贝尔判别法知 $\displaystyle\sum_{n=1}^{\infty} \sqrt[n]{n}\, a_n$ 收敛.由阿贝尔判别法同样易知 $\displaystyle\sum_{n=1}^{\infty} \dfrac{a_n}{n}$ 收敛,但不一定绝对收敛.

4. 选 A

【解】 $P = -\dfrac{y}{x^2+y^2}$, $Q = \dfrac{x}{x^2+y^2}$,则 $\dfrac{\partial P}{\partial y} = \dfrac{\partial Q}{\partial x} = \dfrac{y^2-x^2}{(x^2+y^2)^2}$

故积分与路径无关,如图所示

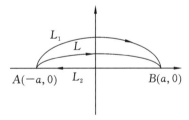

选取 $L_1: x^2+y^2=a^2 (y \geqslant 0)$,方向从 $A(-a, 0)$ 沿 L_1 至 $B(a, 0)$,L_2 为 B 至 A 的直线段.

故 $\displaystyle\int_L \dfrac{-y\,\mathrm{d}x + x\,\mathrm{d}y}{x^2+y^2} = \int_{L_1} \dfrac{-y\,\mathrm{d}x + x\,\mathrm{d}y}{x^2+y^2} = \dfrac{1}{a^2} \int_{L_1} -y\,\mathrm{d}x + x\,\mathrm{d}y$

$$= \dfrac{1}{a^2} \left[\oint_{L_1+L_2} -y\,\mathrm{d}x + x\,\mathrm{d}y - \int_{L_2} -y\,\mathrm{d}x + x\,\mathrm{d}y \right]$$

$$= -\dfrac{1}{a^2} \iint\limits_{D} 2\,\mathrm{d}x\,\mathrm{d}y = -\pi.$$

5. 选 A

【解】 $\lambda_0 E + A$ 与 $\lambda_0 E + B$ 相似的充要条件是 A 与 B 相似

A 与 B 相似 $\Leftrightarrow$ 存在可逆矩阵 P，使 $P^{-1}AP = B \Leftrightarrow P^{-1}(\lambda_0 E + A)P = \lambda_0 E + B$

$$\begin{pmatrix} 1 & 1 & 0 \\ 0 & 1 & 1 \\ 0 & 0 & 1 \end{pmatrix} = E + \begin{pmatrix} 0 & 1 & 0 \\ 0 & 0 & 1 \\ 0 & 0 & 0 \end{pmatrix} = E + A,\text{其中} A = \begin{pmatrix} 0 & 1 & 0 \\ 0 & 0 & 1 \\ 0 & 0 & 0 \end{pmatrix},\text{易知 } r(A) = 2$$

A: $\begin{pmatrix} 1 & 1 & -1 \\ 0 & 1 & 1 \\ 0 & 0 & 1 \end{pmatrix} = E + \begin{pmatrix} 0 & 1 & -1 \\ 0 & 0 & 1 \\ 0 & 0 & 0 \end{pmatrix} = E + B_1, r(B_1) = 2$

B: $\begin{pmatrix} 1 & 0 & -1 \\ 0 & 1 & 1 \\ 0 & 0 & 1 \end{pmatrix} = E + \begin{pmatrix} 0 & 0 & -1 \\ 0 & 0 & 1 \\ 0 & 0 & 0 \end{pmatrix} = E + B_2, r(B_2) = 1$

C: $\begin{pmatrix} 1 & 1 & -1 \\ 0 & 1 & 0 \\ 0 & 0 & 1 \end{pmatrix} = E + \begin{pmatrix} 0 & 1 & -1 \\ 0 & 0 & 0 \\ 0 & 0 & 0 \end{pmatrix} = E + B_3, r(B_3) = 1$

D: $\begin{pmatrix} 1 & 0 & -1 \\ 0 & 1 & 0 \\ 0 & 0 & 1 \end{pmatrix} = E + \begin{pmatrix} 0 & 0 & -1 \\ 0 & 0 & 0 \\ 0 & 0 & 0 \end{pmatrix} = E + B_4, r(B_4) = 1$

故选 A.

6. 选 B

【解】 令矩阵 $A = \begin{pmatrix} x + a_1 & a_2 & \cdots & a_n \\ a_1 & x + a_2 & \cdots & a_n \\ \vdots & \vdots & & \vdots \\ a_1 & a_2 & \cdots & x + a_n \end{pmatrix} = xE + B$,

$B = \begin{pmatrix} a_1 & a_2 & \cdots & a_n \\ a_1 & a_2 & \cdots & a_n \\ \vdots & \vdots & & \vdots \\ a_1 & a_1 & \cdots & a_n \end{pmatrix}, r(B) = 1, B$ 有 $(n-1)$ 个零特征值 $\lambda_1 = \lambda_2 = \cdots = \lambda_{n-1}$

B 的另一个特征值 $\lambda_n = a_1 + a_2 + \cdots + a_n$

故 $|A| = x^{n-1}(x + a_1 + a_2 + \cdots + a_n)(n \geqslant 2)$.

故方程 $|A| = 0$ 共有两个不同实根 $x_1 = 0, x_2 = -a_1 - a_2 - \cdots - a_n$.

7. 选 B

【解法一】

$$f(x_1,x_2,x_3)=(x_1+x_2)^2+(x_2+x_3+x_3-x_1)(x_2+x_3-x_3+x_1)$$
$$=(x_1+x_2)^2+(x_1+x_2)(-x_1+x_2+2x_3)$$
$$=(x_1+x_2)(x_1+x_2-x_1+x_2+2x_3)$$
$$=2(x_1+x_2)(x_2+x_3)=2y_1y_2=2z_1^2-2z_2^2$$

其中 $\begin{cases} y_1=x_1+x_2 \\ y_2=x_2+x_3 \\ y_3=x_3 \end{cases}$，$\begin{cases} y_1=z_1+z_2 \\ y_2=z_1-z_2 \\ y_3=z_3 \end{cases}$，故选 B.

【解法二】

$$f(x_1,x_2,x_3)=2x_2^2+2x_1x_2+2x_2x_3+2x_1x_3, \diamond \boldsymbol{A}=\begin{pmatrix} 0 & 1 & 1 \\ 1 & 2 & 1 \\ 1 & 1 & 0 \end{pmatrix}$$

$$f_A(\lambda)=|\lambda\boldsymbol{E}-\boldsymbol{A}|=\begin{vmatrix} \lambda & -1 & -1 \\ -1 & \lambda-2 & -1 \\ -1 & -1 & \lambda \end{vmatrix}=(\lambda+1)(\lambda^2-3\lambda)=0, 得$$

$\boldsymbol{A}$ 的三个特征值为 $\lambda_1=3,\lambda_2=-1,\lambda_3=0$

故正惯性指数 $p=1$，负惯性指数 $q=1,r(\boldsymbol{A})=p+q=2.$

8. 选 A

【解】 X 的密度函数关于 $x=1$ 对称,如图所示

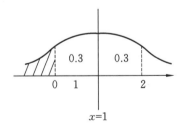

$x=0$ 与 $x=2$ 关于 $x=1$ 对称

$$P(X\geqslant 1)=P(X\leqslant 1)=0.5, P(0\leqslant X\leqslant 1)=\frac{1}{2}\int_0^2 f(x)\mathrm{d}x=0.3$$

故 $P(X<0)=0.5-0.3=0.2.$

9. 选 D

【解】 X,Y 独立同分布,均服从 $N(0,1)$ 且

$$E(X+Y)=E(X)+E(Y)=0, E(X-Y)=E(X)-E(Y)=0$$

$$D(X+Y)=D(X)+D(Y)=2, D(X-Y)=D(X)+D(Y)=2$$

所以 $X+Y \sim N(0,2), X-Y \sim N(0,2)$.

故 $P(X+Y \geqslant 0)=P(X+Y \leqslant 0)=\dfrac{1}{2}, P(X-Y \geqslant 0)=P(X+Y \leqslant 0)=\dfrac{1}{2}$.

A,B 均错误.

$$P(\max(X,Y) \geqslant 0)=1-P(\max(X,Y)<0)=1-P(X<0,Y<0)$$

$$=1-P(X<0)P(Y<0)=1-\frac{1}{2} \times \frac{1}{2}=\frac{3}{4}$$

$$P(\min(X,Y) \geqslant 0)=P(X \geqslant 0,Y \geqslant 0)=P(X \geqslant 0)P(Y \geqslant 0)=\frac{1}{4}$$

故选 D.

10. 选 C

【解】 $(X,Y) \sim N(\mu_1,\mu_2,\sigma_1^2,\sigma_2^2,\rho)$

$\therefore X \sim N(\mu_1,\sigma_1^2), Y \sim N(\mu_2,\sigma_2^2), \rho_{XY}=\rho$.

$E(\hat{\theta})=E(\overline{X})-E(\overline{Y})=\mu_1-\mu_2=\theta$, 故 $\hat{\theta}$ 为 θ 的无偏估计.

$$\hat{\theta}=\overline{X}-\overline{Y}=\frac{1}{n}\sum_{i=1}^{n}(X_i-Y_i)$$

$$E(X_i-Y_i)=E(X_i)-E(Y_i)=\mu_1-\mu_2,$$

$$D(X_i-Y_i)=D(X_i)+D(Y_i)-2\text{Cov}(X_i,Y_i)=\sigma_1^2+\sigma_2^2-2\rho\sigma_1\sigma_2$$

$$D(\hat{\theta})=\frac{1}{n^2}\sum_{i=1}^{n}D(X_i-Y_i)=\frac{\sigma_1^2+\sigma_2^2-2\rho\sigma_1\sigma_2}{n}, 故选 C.$$

二、填空题: $11 \sim 16$ 小题,每小题 5 分,共 30 分.

11. $\dfrac{\pi}{4}$

【解】 利用公式 $\displaystyle\int_a^b f(x)\mathrm{d}x=\int_a^{\frac{a+b}{2}}[f(x)+f(a+b-x)]\mathrm{d}x$

$$\therefore \int_0^{\frac{\pi}{2}} \frac{\mathrm{d}x}{1+(\tan x)^{\sqrt{3}}}=\int_0^{\frac{\pi}{4}}\left[\frac{1}{1+(\tan x)^{\sqrt{3}}}+\frac{1}{1+\left(\tan\left(\frac{\pi}{2}-x\right)\right)^{\sqrt{3}}}\right]\mathrm{d}x$$

$$=\int_0^{\frac{\pi}{4}}\left[\frac{1}{1+(\tan x)^{\sqrt{3}}}+\frac{(\tan x)^{\sqrt{3}}}{(\tan x)^{\sqrt{3}}+1}\right]\mathrm{d}x=\frac{\pi}{4}.$$

12. $\dfrac{3}{8}\mathrm{e}-\dfrac{1}{2}\sqrt{\mathrm{e}}$

【解】　交换积分次序优先对 y 积分，再对 x 积分

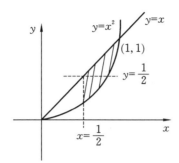

故 $\displaystyle\int_{\frac{1}{4}}^{\frac{1}{2}}\mathrm{d}y\int_{\frac{1}{2}}^{\sqrt{y}}\mathrm{e}^{\frac{y}{x}}\mathrm{d}x+\int_{\frac{1}{2}}^{1}\mathrm{d}y\int_{y}^{\sqrt{y}}\mathrm{e}^{\frac{y}{x}}\mathrm{d}x=\int_{\frac{1}{2}}^{1}\mathrm{d}x\int_{x^2}^{x}\mathrm{e}^{\frac{y}{x}}\mathrm{d}y=\int_{\frac{1}{2}}^{1}x\,(\mathrm{e}-\mathrm{e}^{x})\,\mathrm{d}x=\dfrac{3}{8}\mathrm{e}-\dfrac{1}{2}\sqrt{\mathrm{e}}.$

注：定积分上限不一定大于下限，本题也可改成

$$\int_{\frac{1}{4}}^{\frac{1}{2}}\mathrm{d}y\int_{\frac{1}{2}}^{\sqrt{y}}\mathrm{e}^{\frac{y}{x}}\mathrm{d}x-\int_{\frac{1}{2}}^{1}\mathrm{d}y\int_{\sqrt{y}}^{y}\mathrm{e}^{\frac{y}{x}}\mathrm{d}x=\underline{\qquad\qquad}.$$

13. $0,-12$

【解】

$$\dfrac{\partial f}{\partial x}=\begin{cases}\dfrac{(3x^2+y^2)(x^2+y^2)\mathrm{e}^{-x(x^2+y^2)}-2x\,[1-\mathrm{e}^{-x(x^2+y^2)}]}{(x^2+y^2)^2},&(x,y)\neq(0,0)\\1,&(x,y)=(0,0)\end{cases}$$

$$\dfrac{\partial^2 f}{\partial x\partial y}\bigg|_{(0,0)}\Leftrightarrow \text{一元函数}\dfrac{\partial f}{\partial x}\bigg|_{(0,y)}=\begin{cases}1,y\neq 0\\1,y=0\end{cases}=1\text{ 在 }y=0\text{ 处的导数}$$

故 $\dfrac{\partial^2 f}{\partial x\partial y}\bigg|_{(0,0)}=0.$

$$\dfrac{\partial^4 f}{\partial x^4}\bigg|_{(0,0)}\Leftrightarrow z=f(x,0)=\begin{cases}\dfrac{1-\mathrm{e}^{-x^3}}{x^2},&x\neq 0\\0,&x=0\end{cases}=g(x)\text{ 在 }x=0\text{ 处的四阶导数}$$

由泰勒公式得 $\mathrm{e}^{-x^3}=1+(-x^3)+\dfrac{1}{2!}(-x^3)^2+\dfrac{1}{3!}(-x^3)^3+\cdots$

故 $g(x)=\dfrac{1-\mathrm{e}^{-x^3}}{x^2}=x-\dfrac{1}{2}x^4+\dfrac{1}{3!}x^7+\cdots,x\in(-\infty,+\infty).$

所以 $\dfrac{g^{(4)}(0)}{4!}=-\dfrac{1}{2}$，即 $g^{(4)}(0)=-12,\dfrac{\partial^4 f}{\partial x^4}\bigg|_{(0,0)}=-12.$

14. $-2\sqrt{3}\pi a^2$

【解法一】

$z=-x-y,\mathrm{d}z=-\mathrm{d}x-\mathrm{d}y$

设 $L_1:x^2+y^2+(-x-y)^2=a^2 \Leftrightarrow 2x^2+2y^2+2xy=a^2$

$\boldsymbol{A}=\begin{pmatrix}2&1\\1&2\end{pmatrix},f_{\boldsymbol{A}}(\lambda)=|\lambda\boldsymbol{E}-\boldsymbol{A}|=\begin{vmatrix}\lambda-2&-1\\-1&\lambda-2\end{vmatrix}=(\lambda-1)(\lambda-3)=0,\lambda_1=1,\lambda_2=3$

L_1 可通过正交变换化为:$u^2+3v^2=a^2,L_1$ 围成的面积 $S_D=\dfrac{\pi}{\sqrt{3}}a^2$.

故 $I=\oint_L(y-z)\mathrm{d}x+(z-x)\mathrm{d}y+(x-y)\mathrm{d}z$

$=\oint_{L_1}3y\mathrm{d}x-3x\mathrm{d}y=\iint_D(-3-3)\mathrm{d}x\mathrm{d}y,$

又 $D:2x^2+2y^2+2xy\leqslant a^2$,故 $I=-6S_D=-2\sqrt{3}\pi a^2$.

【解法二】

利用斯托克斯公式,如图所示

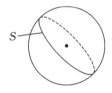

$I=\iint_S(-1-1)\mathrm{d}y\mathrm{d}z+(-1-1)\mathrm{d}x\mathrm{d}z+(-1-1)\mathrm{d}y\mathrm{d}x$

$=-2\iint_S\mathrm{d}z\mathrm{d}y+\mathrm{d}x\mathrm{d}z+\mathrm{d}x\mathrm{d}y,$

其中 $S:x+y+z=0(x^2+y^2+z^2\leqslant a^2)$ 上侧

S 法矢 $\vec{n}=\{1,1,1\},\vec{n}^0=\left\{\dfrac{1}{\sqrt{3}},\dfrac{1}{\sqrt{3}},\dfrac{1}{\sqrt{3}}\right\}=\{\cos\alpha,\cos\beta,\cos\gamma\}$,有 $\begin{cases}\cos\alpha\,\mathrm{d}S=\mathrm{d}y\mathrm{d}z\\\cos\beta\,\mathrm{d}S=\mathrm{d}x\mathrm{d}z\\\cos\gamma\,\mathrm{d}S=\mathrm{d}x\mathrm{d}y\end{cases}$

所以 $I=-\dfrac{6}{\sqrt{3}}\iint_S\mathrm{d}S=-2\sqrt{3}\pi a^2$.

15. e^{-1}

【解】 $\ln Y_n=\dfrac{\ln X_1+\ln X_2+\cdots+\ln X_n}{n},E(\ln X_1)=\int_0^1\ln x\,\mathrm{d}x=-1$

故 $\ln X_1,\ln X_2,\cdots,\ln X_n$ 独立同分布,且 $E(\ln X_1)=-1$ 存在,

由辛钦大数定理知: $\ln Y_n \xrightarrow{P} -1$, 即 $Y_n \xrightarrow{P} \mathrm{e}^{-1}$.

16. $8^{99}\boldsymbol{A}$

【解】 $\boldsymbol{A} = \begin{pmatrix} 1 & 2 & 1 \\ 2 & 4 & 2 \\ 3 & 6 & 3 \end{pmatrix} = (\boldsymbol{\alpha}, 2\boldsymbol{\alpha}, \boldsymbol{\alpha}) = \boldsymbol{\alpha}(1,2,1) = \begin{pmatrix} 1 \\ 2 \\ 3 \end{pmatrix}(1,2,1) = \boldsymbol{\alpha\beta}^{\mathrm{T}}$,

其中 $\boldsymbol{\alpha} = \begin{pmatrix} 1 \\ 2 \\ 3 \end{pmatrix}, \boldsymbol{\beta} = \begin{pmatrix} 1 \\ 2 \\ 1 \end{pmatrix}$

$\boldsymbol{A}^2 = \boldsymbol{\alpha}(\boldsymbol{\beta}^{\mathrm{T}}\boldsymbol{\alpha})\boldsymbol{\beta}^{\mathrm{T}}$, 又因 $\boldsymbol{\beta}^{\mathrm{T}}\boldsymbol{\alpha} = 8$, 故 $\boldsymbol{A}^2 = 8\boldsymbol{A}$, 同理 $\boldsymbol{A}^3 = 8^2\boldsymbol{A}$, $\cdots$, $\boldsymbol{A}^{100} = 8^{99}\boldsymbol{A}$.

三、解答题:17 ~ 22 小题,共 70 分.解答应写出文字说明、证明过程或演算步骤.

17.【解】 $I = \lim\limits_{x \to 0} \dfrac{\sin x^2 - \ln(1+x^2)}{\ln(1+x^2) \cdot \sin x^2} = \lim\limits_{x \to 0} \dfrac{(\sin x^2 - x^2) + (x^2 - \ln(1+x^2))}{x^4}$

$= \lim\limits_{x \to 0} \dfrac{\sin x^2 - x^2}{x^4} + \lim\limits_{x \to 0} \dfrac{x^2 - \ln(1+x^2)}{x^4}$

$= \lim\limits_{x \to 0} \dfrac{-\dfrac{1}{6}(x^2)^3}{x^4} + \lim\limits_{x \to 0} \dfrac{\dfrac{1}{2}x^4}{x^4} = \dfrac{1}{2}$.

（注:当 $x \to 0$ 时, $x - \sin x \sim \dfrac{1}{6}x^3$, $x - \ln(1+x) \sim \dfrac{1}{2}x^2$）

18.【证明】 $\Delta = (b-a)\displaystyle\int_a^b f(x)g(x)\mathrm{d}x - \int_a^b f(x)\mathrm{d}x \cdot \int_a^b g(x)\mathrm{d}x$

$= \dfrac{1}{2}\displaystyle\iint_D [f(x)g(x) + f(y)g(y) - f(x)g(y) - f(y)g(x)]\mathrm{d}x\,\mathrm{d}y$

$= \dfrac{1}{2}\displaystyle\iint_D [f(x) - f(y)][g(x) - g(y)]\mathrm{d}x\,\mathrm{d}y$

$D: a \leqslant x \leqslant b, a \leqslant y \leqslant b$

$f(x), g(x)$ 都在 $[a,b]$ 上单调递增

当 $x \geqslant y$ 时, $f(x) \geqslant f(y), g(x) \geqslant g(y) \Rightarrow [f(x) - f(y)][g(x) - g(y)] \geqslant 0$

当 $x < y$ 时, $f(x) \leqslant f(y), g(x) \leqslant g(y) \Rightarrow [f(x) - f(y)][g(x) - g(y)] \geqslant 0$

对 $\forall x, y$ 恒有 $[f(x) - f(y)][g(x) - g(y)] \geqslant 0$, 故 $\Delta \geqslant 0$

即 $(b-a)\displaystyle\int_a^b f(x)g(x)\mathrm{d}x \geqslant \int_a^b f(x)\mathrm{d}x \cdot \int_a^b g(x)\mathrm{d}x$

19.【证明】 设 $s(t)$ 表示时间与距离的关系,依题意

$$s(0)=0,s(1)=1,u=\frac{\mathrm{d}s}{\mathrm{d}t}\text{ 表示速度},a=\frac{\mathrm{d}^2s}{\mathrm{d}t^2}\text{ 表示加速度},u=s'(0)=0,s'(1)=0$$

由泰勒公式得
$$\begin{cases} s\left(\dfrac{1}{2}\right)=s(0)+s'(0)\cdot\dfrac{1}{2}+\dfrac{s''(\xi_1)}{2}\cdot\left(\dfrac{1}{2}-0\right)^2\left(\xi_1\in\left(0,\dfrac{1}{2}\right)\right) \\ s\left(\dfrac{1}{2}\right)=s(1)+s'(1)\left(\dfrac{1}{2}-1\right)+\dfrac{s''(\xi_2)}{2}\left(\dfrac{1}{2}-1\right)^2\left(\xi_2\in\left(\dfrac{1}{2},1\right)\right)\end{cases}$$

将两式相减,并整理,得 $\dfrac{s''(\xi_1)-s''(\xi_2)}{2}=4$

取 $\max(|s''(\xi_1)|,|s''(\xi_2)|)=|s''(\xi)|$,

$$4=\left|\frac{s''(\xi_1)-s''(\xi_2)}{2}\right|\leqslant\frac{|s''(\xi_1)|+|s''(\xi_2)|}{2}\leqslant|s''(\xi)|$$

故在运动中的某一时刻 ξ 加速度大小大于或等于 4.

20.【解】 (1) $z=f(x,y)$, $x=r\cos\theta$, $y=r\sin\theta$,把 $\dfrac{\partial z}{\partial x}$, $\dfrac{\partial z}{\partial y}$ 化为 $\dfrac{\partial z}{\partial\theta}$, $\dfrac{\partial z}{\partial r}$ 表示

即 $z\begin{cases} r\begin{cases} x \\ y \end{cases} \\ \theta\begin{cases} x \\ y \end{cases}\end{cases}$, $\begin{cases} r=\sqrt{x^2+y^2}, \quad r_x=\cos\theta, r_y=\sin\theta \\ \theta=\arctan\dfrac{y}{x}, \quad \theta_x=-\dfrac{\sin\theta}{r}, \theta_y=\dfrac{\cos\theta}{r}\end{cases}$

$$\begin{cases}\begin{aligned}\frac{\partial z}{\partial x}&=\frac{\partial z}{\partial r}\cdot\frac{\partial r}{\partial x}+\frac{\partial z}{\partial\theta}\cdot\frac{\partial\theta}{\partial x}=\frac{\partial z}{\partial r}\cdot\frac{x}{\sqrt{x^2+y^2}}+\frac{\partial z}{\partial\theta}\cdot\frac{1}{1+\left(\dfrac{y}{x}\right)^2}\left(-\frac{y}{x^2}\right) \\ &=\frac{\partial z}{\partial r}\cos\theta-\frac{\partial z}{\partial\theta}\cdot\frac{\sin\theta}{r}=z_r\cos\theta-z_\theta\cdot\frac{\sin\theta}{r} \\ \frac{\partial z}{\partial y}&=\frac{\partial z}{\partial r}\cdot\frac{\partial r}{\partial y}+\frac{\partial z}{\partial\theta}\cdot\frac{\partial\theta}{\partial y}=\frac{\partial z}{\partial r}\cdot\frac{y}{\sqrt{x^2+y^2}}+\frac{\partial z}{\partial\theta}\cdot\frac{1}{1+\left(\dfrac{y}{x}\right)^2}\frac{1}{x} \\ &=\frac{\partial z}{\partial r}\sin\theta+\frac{\partial z}{\partial\theta}\cdot\frac{\cos\theta}{r}=z_r\sin\theta+z_\theta\cdot\frac{\cos\theta}{r}\end{aligned}\end{cases}$$

$x\dfrac{\partial z}{\partial x}+y\dfrac{\partial z}{\partial y}=0$,即 $\dfrac{\partial z}{\partial r}=0$

故 $z=f(x,y)=f(r\cos\theta,r\sin\theta)=g(\theta)$,其中 $g(\theta)$ 可微.

$\dfrac{1}{x}\dfrac{\partial z}{\partial x}=\dfrac{1}{y}\dfrac{\partial z}{\partial y}$,也就是 $y\dfrac{\partial f}{\partial x}=x\dfrac{\partial f}{\partial y}$,即 $\dfrac{\partial z}{\partial\theta}=0$

所以 $z=f(x,y)=u(r)$,其中 $u(r)$ 可微.

(2) 注意 $z_r\begin{cases} r\begin{cases} x \\ y \end{cases} \\ \theta\begin{cases} x \\ y \end{cases}\end{cases}$, $z_\theta\begin{cases} r\begin{cases} x \\ y \end{cases} \\ \theta\begin{cases} x \\ y \end{cases}\end{cases}$

$$\frac{\partial^2 z}{\partial x^2} = \left(z_{rr} \cdot \frac{\partial r}{\partial x} + z_{r\theta} \cdot \frac{\partial \theta}{\partial x} \right) \cdot \cos\theta + z_r \cdot (-\sin\theta) \cdot \frac{\partial \theta}{\partial x} - \left(z_{\theta r} \cdot \frac{\partial r}{\partial x} + z_{\theta\theta} \cdot \frac{\partial \theta}{\partial x} \right) \cdot \frac{\sin\theta}{r}$$

$$+ z_\theta \cdot \frac{1}{r^2}\sin\theta \cdot \frac{\partial r}{\partial x} - z_\theta \cdot \frac{1}{r}\cos\theta \cdot \frac{\partial \theta}{\partial x}$$

$$= z_{rr}\cos^2\theta + z_{\theta\theta}\frac{\sin^2\theta}{r^2} - 2z_{\theta r}\frac{\sin\theta\cos\theta}{r} + z_r\frac{\sin^2\theta}{r} + z_\theta\frac{2\sin\theta\cos\theta}{r^2}$$

同理,$\dfrac{\partial^2 z}{\partial y^2} = z_{rr}\sin^2\theta + z_{\theta\theta}\dfrac{\cos^2\theta}{r^2} + 2z_{\theta r}\dfrac{\sin\theta\cos\theta}{r} + z_r\dfrac{\cos^2\theta}{r} - z_\theta\dfrac{2\sin\theta\cos\theta}{r^2}$

所以$\dfrac{\partial^2 z}{\partial x^2} + \dfrac{\partial^2 z}{\partial y^2} = \dfrac{\partial^2 z}{\partial r^2} + \dfrac{1}{r^2}\dfrac{\partial^2 z}{\partial \theta^2} + \dfrac{1}{r}\dfrac{\partial z}{\partial r}.$

21.【证明】 (1) $\because A$ 正定,

故 $\exists$ 可逆矩阵P_1,使得$P_1^{\mathrm{T}}AP_1 = E$.

又$P_1^{\mathrm{T}}BP_1$ 仍为实对称矩阵,

故 $\exists$ 正交阵Q_1,使得

$$Q_1^{\mathrm{T}}(P_1^{\mathrm{T}}BP_1)Q_1 = \begin{pmatrix} \lambda_1 & 0 & \cdots & 0 \\ 0 & \lambda_2 & \cdots & 0 \\ \vdots & \vdots & & \vdots \\ 0 & 0 & \cdots & 0 \\ 0 & 0 & \cdots & \lambda_n \end{pmatrix}$$

令 $P = P_1 Q_1$, 则 $\begin{cases} P^{\mathrm{T}}AP = Q_1^{\mathrm{T}}(P_1^{\mathrm{T}}AP_1)Q_1 = E \\ P^{\mathrm{T}}BP = Q_1^{\mathrm{T}}(P_1^{\mathrm{T}}BP_1)Q_1 \end{cases}$, $\lambda_i(i = 1, 2, \cdots, n)$ 满 足 方 程 $|\lambda A - B| = 0$.

(2) 二次型:

$$f = 2x_1^2 - 2x_1 x_2 + 5x_2^2 - 4x_1 x_3 + 4x_3^2$$

$$= (x_1^2 - 2x_1 x_2 + x_2^2) + (x_1^2 - 4x_1 x_3 + 4x_3^2) + 4x_2^2$$

$$= (x_1 - x_2)^2 + (x_1 - 2x_3)^2 + (2x_2)^2$$

令$\begin{cases} y_1 = x_1 - x_2 \\ y_2 = 2x_2 \\ y_3 = x_1 - 2x_3 \end{cases}$, 即$\begin{cases} x_1 = y_1 + \dfrac{1}{2}y_2 \\ x_2 = \dfrac{1}{2}y_2 \\ x_3 = \dfrac{1}{2}y_1 + \dfrac{1}{4}y_2 - \dfrac{1}{2}y_3 \end{cases}$,

$$X = \begin{pmatrix} x_1 \\ x_2 \\ x_3 \end{pmatrix} = \begin{pmatrix} 1 & \dfrac{1}{2} & 0 \\ 0 & \dfrac{1}{2} & 0 \\ \dfrac{1}{2} & \dfrac{1}{4} & -\dfrac{1}{2} \end{pmatrix} Y = P_1 Y, 其中$$

$$\boldsymbol{P}_1=\begin{pmatrix}1 & \dfrac{1}{2} & 0 \\[2mm] 0 & \dfrac{1}{2} & 0 \\[2mm] \dfrac{1}{2} & \dfrac{1}{4} & -\dfrac{1}{2}\end{pmatrix}$$

故 $f \xlongequal{\ \boldsymbol{X}=\boldsymbol{P}_1\boldsymbol{Y}\ } \boldsymbol{X}^{\mathrm{T}}\boldsymbol{A}\boldsymbol{X}=\boldsymbol{Y}^{\mathrm{T}}(\boldsymbol{P}_1^{\mathrm{T}}\boldsymbol{A}\boldsymbol{P}_1)\boldsymbol{Y}=\boldsymbol{Y}^{\mathrm{T}}\boldsymbol{Y}=y_1^2+y_2^2+y_3^2.$

$$g=\dfrac{3}{2}x_1^2-2x_1x_3+3x_2^2-4x_2x_3+2x_3^2=\boldsymbol{X}^{\mathrm{T}}\boldsymbol{B}\boldsymbol{X},\text{其中}\ \boldsymbol{B}=\begin{pmatrix}\dfrac{3}{2} & 0 & -1 \\[2mm] 0 & 3 & -2 \\[2mm] -1 & -2 & 2\end{pmatrix}$$

记 $\boldsymbol{B}_1=\boldsymbol{P}_1^{\mathrm{T}}\boldsymbol{B}\boldsymbol{P}_1=\begin{pmatrix}1 & 0 & \dfrac{1}{2} \\[2mm] \dfrac{1}{2} & \dfrac{1}{2} & \dfrac{1}{4} \\[2mm] 0 & 0 & -\dfrac{1}{2}\end{pmatrix}\begin{pmatrix}\dfrac{3}{2} & 0 & -1 \\[2mm] 0 & 3 & -2 \\[2mm] -1 & -2 & 2\end{pmatrix}\begin{pmatrix}1 & \dfrac{1}{2} & 0 \\[2mm] 0 & \dfrac{1}{2} & 0 \\[2mm] \dfrac{1}{2} & \dfrac{1}{4} & -\dfrac{1}{2}\end{pmatrix}=\begin{pmatrix}1 & 0 & 0 \\[2mm] 0 & \dfrac{1}{2} & \dfrac{1}{2} \\[2mm] 0 & \dfrac{1}{2} & \dfrac{1}{2}\end{pmatrix}$

$$|\lambda\boldsymbol{E}-\boldsymbol{B}_1|=\begin{vmatrix}\lambda-1 & 0 & 0 \\[2mm] 0 & \lambda-\dfrac{1}{2} & -\dfrac{1}{2} \\[2mm] 0 & -\dfrac{1}{2} & \lambda-\dfrac{1}{2}\end{vmatrix}=\lambda\ (\lambda-1)^2,\lambda_1=0,\lambda_2=\lambda_3=1$$

$\lambda_1=0$ 对应的特征向量 $\boldsymbol{X}$ 满足 $\boldsymbol{BX}=\boldsymbol{0}\Leftrightarrow\begin{cases}x_1=0 \\[2mm] \dfrac{1}{2}x_2+\dfrac{1}{2}x_3=0 \\[2mm] \dfrac{1}{2}x_2+\dfrac{1}{2}x_3=0\end{cases}$,对应一个线性无关的特

征向量 $\boldsymbol{X}_1=\begin{pmatrix}0 \\ 1 \\ -1\end{pmatrix}$.

$\lambda_2=1$ 对应的特征向量 $\boldsymbol{X}$ 满足 $(\boldsymbol{E}-\boldsymbol{B}_1)\boldsymbol{X}=\boldsymbol{O}\Leftrightarrow\begin{cases}\dfrac{1}{2}x_2-\dfrac{1}{2}x_3=0 \\[2mm] -\dfrac{1}{2}x_2+\dfrac{1}{2}x_3=0\end{cases}$,对应的两个线

性无关的特征向量 $\boldsymbol{X}_2=\begin{pmatrix}1 \\ 0 \\ 0\end{pmatrix}$,$\boldsymbol{X}_3=\begin{pmatrix}0 \\ 1 \\ 1\end{pmatrix}$,易知 $\boldsymbol{X}_2,\boldsymbol{X}_3$ 正交.

取 $Q_1 = \begin{pmatrix} 0 & 1 & 0 \\ \dfrac{1}{\sqrt{2}} & 0 & \dfrac{1}{\sqrt{2}} \\ -\dfrac{1}{\sqrt{2}} & 0 & \dfrac{1}{\sqrt{2}} \end{pmatrix}$,

$$P = P_1 Q_1 = \begin{pmatrix} 1 & \dfrac{1}{2} & 0 \\ 0 & \dfrac{1}{2} & 0 \\ \dfrac{1}{2} & \dfrac{1}{4} & -\dfrac{1}{2} \end{pmatrix} \begin{pmatrix} 0 & 1 & 0 \\ \dfrac{1}{\sqrt{2}} & 0 & \dfrac{1}{\sqrt{2}} \\ -\dfrac{1}{\sqrt{2}} & 0 & \dfrac{1}{\sqrt{2}} \end{pmatrix} = \begin{pmatrix} \dfrac{1}{2\sqrt{2}} & 1 & \dfrac{1}{2\sqrt{2}} \\ \dfrac{1}{2\sqrt{2}} & 0 & \dfrac{1}{2\sqrt{2}} \\ \dfrac{3}{4\sqrt{2}} & \dfrac{1}{2} & -\dfrac{1}{4\sqrt{2}} \end{pmatrix}$$

故 $\exists P = \begin{pmatrix} \dfrac{1}{2\sqrt{2}} & 1 & \dfrac{1}{2\sqrt{2}} \\ \dfrac{1}{2\sqrt{2}} & 0 & \dfrac{1}{2\sqrt{2}} \\ \dfrac{3}{4\sqrt{2}} & \dfrac{1}{2} & -\dfrac{1}{4\sqrt{2}} \end{pmatrix}$，使 $P^{\mathrm{T}}AP = E, P^{\mathrm{T}}BP = \begin{pmatrix} 0 & 0 & 0 \\ 0 & 1 & 0 \\ 0 & 0 & 1 \end{pmatrix}$.

22. (1)【解】 X, Y 独立,都服从 $N(0,1)$,(X,Y) 的密度函数 $f(x,y) = \dfrac{1}{2\pi} \mathrm{e}^{-\frac{x^2+y^2}{2}}$,

$-\infty < x, y < +\infty$

设 Z 的分布函数为 $F_Z(z)$,则当 $z \geqslant 0$ 时

$$F_Z(z) = P(X^2+Y^2 \leqslant z) = \iint\limits_{x^2+y^2 \leqslant z} \left(\dfrac{1}{\sqrt{2\pi}}\right)^2 \mathrm{e}^{-\frac{x^2+y^2}{2}} \mathrm{d}x \, \mathrm{d}y$$

$$\xrightarrow[\begin{subarray}{l} x=r\cos\theta \\ y=r\sin\theta \end{subarray}]{} \dfrac{1}{2\pi} \int_0^{2\pi} \mathrm{d}\theta \int_0^{\sqrt{z}} \mathrm{e}^{-\frac{r^2}{2}} r \, \mathrm{d}r = 1 - \mathrm{e}^{-\frac{1}{2}z}$$

即 $F_Z(z) = \begin{cases} 0, & z < 0 \\ 1 - \mathrm{e}^{-\frac{1}{2}z}, & z \geqslant 0 \end{cases}$,故 z 的密度函数为 $f_Z(z) = \begin{cases} \dfrac{1}{2} \mathrm{e}^{-\frac{1}{2}z}, & z \geqslant 0 \\ 0, & \text{其他} \end{cases}$

$Z = X^2 + Y^2$ 服从 $\chi^2(2)$ 或者说服从参数 $\lambda = \dfrac{1}{2}$ 的指数分布.

(2)【解】 设 T 的分布函数 $F_T(t)$,则

$$F_T(t) = P\left(\dfrac{Y}{X} \leqslant t\right) = P(Y \leqslant Xt, X > 0) + P(Y \geqslant Xt, X < 0),\text{如图所示}$$

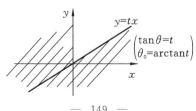

故 $F_T(t) = \iint\limits_{\substack{y \leqslant xt \\ x > 0}} \frac{1}{2\pi} e^{-\frac{x^2+y^2}{2}} dx\, dy + \iint\limits_{\substack{y \geqslant xt \\ x < 0}} \frac{1}{2\pi} e^{-\frac{x^2+y^2}{2}} dx\, dy$

$= \int_0^{+\infty} dx \int_{-\infty}^{tx} \frac{1}{2\pi} e^{-\frac{x^2+y^2}{2}} dy + \int_{-\infty}^0 dx \int_{tx}^{+\infty} \frac{1}{2\pi} e^{-\frac{x^2+y^2}{2}} dy$

$\xlongequal{\begin{cases} x = r\cos\theta \\ y = r\sin\theta \end{cases}} \frac{1}{2\pi} \int_{-\frac{\pi}{2}}^{\theta_0} d\theta \int_0^{+\infty} e^{-\frac{r^2}{2}} r\, dr + \frac{1}{2\pi} \int_{\frac{\pi}{2}}^{\pi+\theta_0} d\theta \int_0^{+\infty} e^{-\frac{r^2}{2}} r\, dr$

$= \frac{1}{\pi}\left(\theta_0 + \frac{\pi}{2}\right) = \frac{1}{\pi}\left(\arctan t + \frac{\pi}{2}\right)$

所以 T 的密度函数为 $f_T(t) = \frac{1}{\pi} \frac{1}{1+t^2} (-\infty < t < +\infty)$.

又 $T = \dfrac{Y}{X} = \dfrac{Y}{\sqrt{X^2}} \sim t(1)$，也称为柯西分布，注意：由对称性可知 $\dfrac{Y}{X}$ 与 $\dfrac{Y}{|X|}$、$\dfrac{Y}{\sqrt{X^2}}$ 同分布，均服从柯西分布.